Forschungsberichte

Band 84

Berichte aus dem
Institut für Werkzeugmaschinen
und Betriebswissenschaften
der Technischen Universität
München

Herausgeber:
Prof. Dr.-Ing. G. Reinhart
Prof. Dr.-Ing. J. Milberg

Springer-Verlag Berlin Heidelberg GmbH

Gunther Birkel

Aufwandsminimierter Wissenserwerb für die Diagnose in flexiblen Produktionszellen

Mit 64 Abbildungen

Springer-Verlag
Berlin Heidelberg GmbH 1995

Dipl.-Ing. Gunther Birkel
Institut für Werkzeugmaschinen und Betriebswissenschaften (iwb), München

Univ.-Prof. Dr.-Ing. G. Reinhart
o. Professor an der Technischen Universität München
Institut für Werkzeugmaschinen und Betriebswissenschaften (iwb), München

Univ.-Prof. Dr.-Ing. J. Milberg
o. Professor an der Technischen Universität München
Institut für Werkzeugmaschinen und Betriebswissenschaften (iwb), München

D 91

ISBN 978-3-540-58869-6   ISBN 978-3-662-11205-2 (eBook)
DOI 10.1007/978-3-662-11205-2

Gesamtherstellung: Hieronymus Buchreproduktions GmbH, München.
SPIN: 10494560   62/3020-543210

Geleitwort der Herausgeber

Die Produktionstechnik ist für die Weiterentwicklung unserer Industriegesellschaft von zentraler Bedeutung. Denn die Leistungsfähigkeit eines Industriebetriebes hängt entscheidend von den eingesetzten Produktionsmitteln, den angewandten Produktionsverfahren und der eingeführten Produktionsorganisation ab. Erst das optimale Zusammenspiel von Mensch, Organisation und Technik erlaubt es, alle Potentiale für den Unternehmenserfolg auszuschöpfen.

Um in dem Spannungsfeld Komplexität, Kosten, Zeit und Qualität bestehen zu können, müssen Produktionsstrukturen ständig neu überdacht und weiterentwickelt werden. Dabei ist es notwendig, die Komplexität von Produkten, Produktionsabläufen und -systemen einerseits zu verringern und andererseits besser zu beherrschen.

Ziel der Forschungsarbeiten des *iwb* ist die ständige Verbesserung von Produktentwicklungs- und Planungssystemen, von Herstellverfahren und Produktionsanlagen. Betriebsorganisation, Produktions- und Arbeitsstrukturen und Systeme zur Auftragsabwicklung im Unternehmen werden unter besonderer Berücksichtigung mitarbeiterorientierter Anforderungen entwickelt. Die dabei notwendige Steigerung des Automatisierungsgrades darf jedoch nicht zu einer Verfestigung arbeitsteiliger Strukturen führen. Fragen der optimalen Einbindung des Menschen in den Produktentstehungsprozeß spielen deshalb eine sehr wichtige Rolle.

Die im Rahmen dieser Buchreihe erscheinenden Bände stammen thematisch aus den Forschungsbereichen des *iwb*. Diese reichen von der Produktentwicklung über die Planung von Produktionssystemen hin zu den Bereichen Fertigung und Montage. Steuerung und Betrieb von Produktionssystemen, Qualitätssicherung, Verfügbarkeit und Autonomie sind Querschnittsthemen hierfür. In den *iwb*-Forschungsberichten werden neue Ergebnisse und Erkenntnisse aus der praxisnahen Forschung des *iwb* veröffentlicht. Diese Buchreihe soll dazu beitragen, den Wissenstransfer zwischen dem Hochschulbereich und dem Anwender in der Praxis zu verbessern.

Joachim Milberg   *Gunther Reinhart*

Vorwort

Die vorliegende Dissertation entstand während meiner Tätigkeit als wissenschaftlicher Mitarbeiter am Institut für Werkzeugmaschinen und Betriebswissenschaften (iwb) der Technischen Universität München.

Den Herren Prof. Dr.-Ing. J. Milberg und Prof. Dr.-Ing. G. Reinhart, den Leitern dieses Instituts, gilt mein besonderer Dank für die wohlwollende Förderung und großzügige Unterstützung meiner Arbeit.

Herrn Prof. Dr.-Ing. K. Bender, dem Leiter des Lehrstuhls für Informationstechnik im Maschinenwesen der Technischen Universität München, danke ich für die Übernahme des Korreferates und die aufmerksame Durchsicht der Arbeit.

Darüber hinaus möchte ich allen Mitarbeiterinnen und Mitarbeitern des Instituts und allen Studenten, die mich bei der Erstellung meiner Arbeit unterstützt haben, recht herzlich danken.

München, Oktober 1994   *Gunther Birkel*

Inhaltsverzeichnis

1 Einleitung

1.1 Ausgangssituation

Die Forderungen nach kürzeren Lieferzeiten bei zunehmender Variantenvielfalt und kleinen Losgrößen prägen heute die Situation vieler Produktionsunternehmen. Um auf diese Forderungen schnell und kostengünstig reagieren zu können, sind die Unternehmen verstärkt zum Einsatz flexibel automatisierter Produktionsanlagen gezwungen [MILB 91]. Der wirtschaftliche Einsatz dieser kapitalintensiven Anlagen erfordert einen hohen Nutzungsgrad. Die steigende Komplexität der Anlagen führt jedoch tendenziell zu einem Absinken ihrer Verfügbarkeit [GLAS 93]. Neben dem Ansatz, die Verfügbarkeit der Anlage durch eine Erhöhung der Basiszuverlässigkeit der Komponenten oder durch eine sinnvolle Strukturierung der Anlage zu verbessern, sind Maßnahmen zur Fehlerdiagnose ein effizientes Mittel zur Steigerung der Verfügbarkeit von Produktionsanlagen [WECK 90].

Hierfür existieren bereits eine Vielzahl von Diagnosesystemen, die eine Reduzierung technischer Ausfallzeiten von Produktionsanlagen ermöglichen. Besonders erfolgversprechende Perspektiven ergaben sich in den letzten Jahren durch die Entwicklung wissensbasierter Systeme [SCHÖ 92]. Diese Systeme verfügen über formale Modellstrukturen, in die das benötigte diagnoserelevante Wissen abgebildet werden kann. Dadurch wird eine flexible Anpassung der Diagnosesysteme an unterschiedliche Maschinentypen sowie an die zugehörige Maschinenperipherie ermöglicht. Unterschiedliche Schlußfolgerungsverfahren bauen auf diesen Modellstrukturen auf und erlauben fehlerabhängig die effiziente Verarbeitung des im Modell abgebildeten Wissens.

Trotz der steigenden Leistungsfähigkeit der Diagnosesysteme werden diese bislang selten industriell eingesetzt [RICH 92]. Die wesentliche Ursache hierfür liegt weniger in der Konzeption der Diagnosesysteme als vielmehr in dem hohen Aufwand für den Wissenserwerb. Denn neben der erforderlichen Leistungsfähigkeit der Diagnosesysteme ist die Aussagekraft und Menge des zur Verfügung stehenden Diagnosewissens eine weitere entscheidende Voraussetzung für eine effiziente Diagnose [FAUP 92].

Der Erwerb dieses Wissens erfolgt bislang vorwiegend durch die Analyse vorhandener Unterlagen über das betrachtete Diagnoseobjekt sowie durch eine Befragung der Experten im Unternehmen, die an der Entstehung diagnoserelevanten Wissens beteiligt sind. Anschließend wird das erworbene Wissen in die Modellstrukturen der Diagnosesysteme abgebildet. Diese Vorgehensweise ist sehr zeitaufwendig. Neuere Ansätze, die teilweise auch einen automatisierten Wissenserwerb zulassen, sind auf spezielle Anwendungen zugeschnitten, ohne ein übergeordnetes Konzept für einen umfassenden Wissenserwerb zu beachten. Der Wissenserwerb kann als ein zentrales Problem für den Einsatz wissensbasierter Diagnosesysteme bezeichnet werden [BULL 89]. Dies wird durch eine Umfrage belegt, die vorwiegend in Unternehmen aus dem Bereich des Maschinenbaus durchgeführt wurde [JACO 91]. Es zeigte sich dabei, daß die befragten Unternehmen vor allem die Wissenserhebung sowie die Abbildung des erworbenen Wissens in ein wissensbasiertes System als zentrales Hemmnis für deren Einsatz sehen (vgl. Bild 1.1).

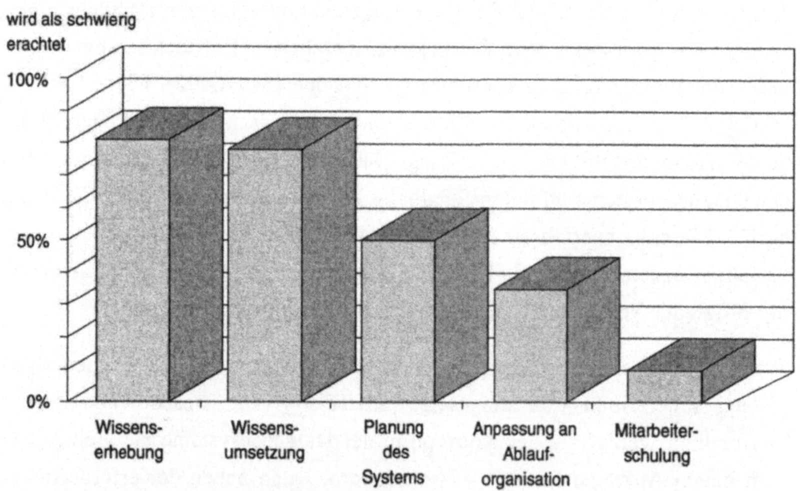

Bild 1.1:   Problemschwerpunkte beim Einsatz wissensbasierter Systeme (in Anlehnung an [JACO 91])

1.2 Zielsetzung

Dem effizienten Einsatz wissensbasierter Diagnosesysteme als eine geeignete Maßnahme zur Erhöhung der Verfügbarkeit von flexibel automatisierten Produktionsanlagen steht bislang der hohe Aufwand für den Erwerb des diagnoserelevanten Wissens entgegen.

Ziel dieser Arbeit ist es deshalb, ein System zu entwickeln, das einen umfassenden Wissenserwerb für die wissensbasierte Diagnose in flexiblen Produktionszellen erlaubt und zugleich eine Minimierung des dafür erforderlichen Aufwands zuläßt. Umfassender Wissenserwerb bedeutet hierbei, daß die Erfassung und Bereitstellung des gesamten diagnoserelevanten Wissens ermöglicht werden muß. Die notwendige Aufwandsminimierung soll durch die optimale Nutzung und Aufbereitung des im Produktionsumfeld eines Unternehmens vorliegenden Wissens erreicht werden.

1.3 Vorgehensweise

Um dieses Ziel zu erreichen, wird im Rahmen dieser Arbeit folgende Vorgehensweise gewählt (vgl. Bild 1.2).

In Kapitel 2 wird vor dem Hintergrund bestehender Strukturen der flexiblen Produktion sowie bereits existierender Diagnosesysteme das zur Diagnose benötigte Wissen spezifiziert. Bestehende Verfahren zum Erwerb dieses Wissens werden untersucht und bewertet.

Grundlegende Untersuchungen im Hinblick auf eine effiziente Erfassung von Diagnosewissen aus dem Produktionsumfeld sowie im Hinblick auf seine effiziente Bereitstellung für die Diagnosesysteme an den verschiedenen Produktionszellen werden in Kapitel 3 durchgeführt, um ausgehend davon Anforderungen an die Minimierung des Aufwands für den Wissenserwerb zu erarbeiten.

Basierend auf diesen Anforderungen wird in Kapitel 4 ein Konzept für ein Wissenserwerbssystem entwickelt, das den umfassenden Wissenserwerb für

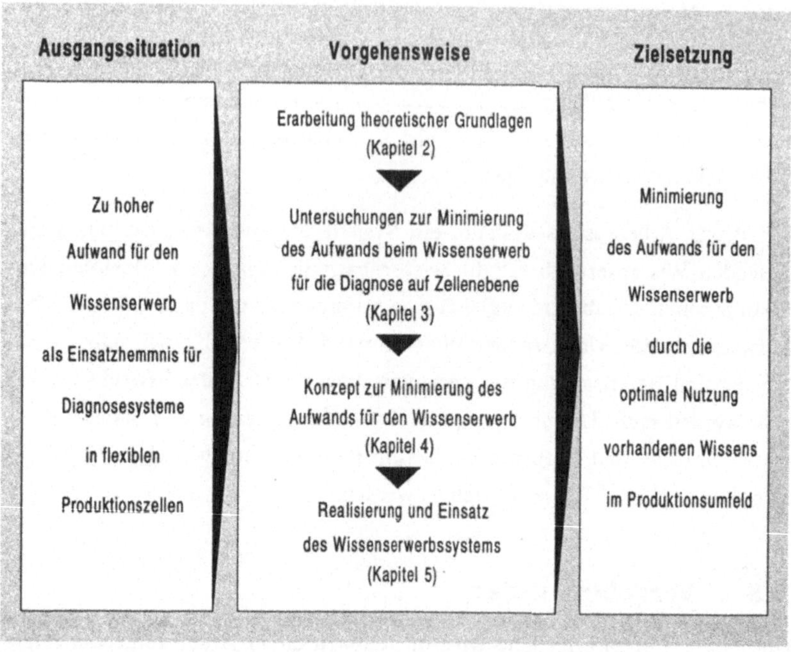

Bild 1.2: Vorgehensweise im Rahmen der Arbeit

die Diagnose erlaubt und zugleich eine Minimierung des dafür notwendigen Aufwands ermöglicht.

Durch die beispielhafte Realisierung des Wissenserwerbssystems sowie durch seinen Einsatz in einer Testumgebung soll in Kapitel 5 das entwickelte Konzept verifiziert und bewertet werden. Dabei soll deutlich werden, daß das System geeignet ist, den Aufwand beim Wissenserwerb für die Diagnose in flexiblen Produktionszellen zu minimieren.

2 Wissenserwerb für die Diagnose in Produktionszellen - Stand der Technik

2.1 Übersicht

Als Grundlage für eine ganzheitliche Betrachtung des Wissenserwerbs für die Diagnose in flexiblen Produktionszellen erfolgt in diesem Kapitel die Beschreibung der Struktur flexibler Produktionssysteme sowie der Aufgaben der Fehlerdiagnose in diesem Bereich. Dabei soll die besondere Bedeutung der Diagnose auf Zellenebene als eine wichtige Maßnahme zur effizienten Fehlerbehandlung in flexibel automatisierten Produktionsanlagen aufgezeigt werden. Nach einer näheren Untersuchung der Diagnose auf Zellenebene werden bestehende Verfahren für den Wissenserwerb für Diagnosesysteme in Produktionszellen analysiert und bewertet. Dabei wird der Handlungsbedarf für die Entwicklung eines Ansatzes zur Reduzierung des Aufwands für den Wissenserwerb deutlich werden.

2.2 Flexible Produktionssysteme

2.2.1 Struktur der flexiblen Produktion

Basierend auf einer Analogiebetrachtung der Defintion von flexiblen Fertigungssystemen nach [WECK 82] und [WEST 86] und von flexiblen Montagesystemen nach [SCHM 91] wird bei [GLAS 93] ein flexibles Produktionssystem folgendermaßen definiert: "Unter einem flexiblen Produktionssystem wird ein System verstanden, das aus mehreren flexiblen Produktionszellen besteht, die zur Herstellung unterschiedlicher Produkte bzw. Produktvarianten geeignet und über Materialfluß- und Informationsverarbeitungssysteme miteinander verkettet sind". Der Begriff des Produktionssystems wird damit gleichermaßen als Oberbegriff für entsprechende Anlagen der Produktionsbereiche 'mechanische Teilefertigung' und 'Montage' verwendet. Bild 2.1 zeigt dazu beispielhaft das Layout eines flexiblen Produktionssystems.

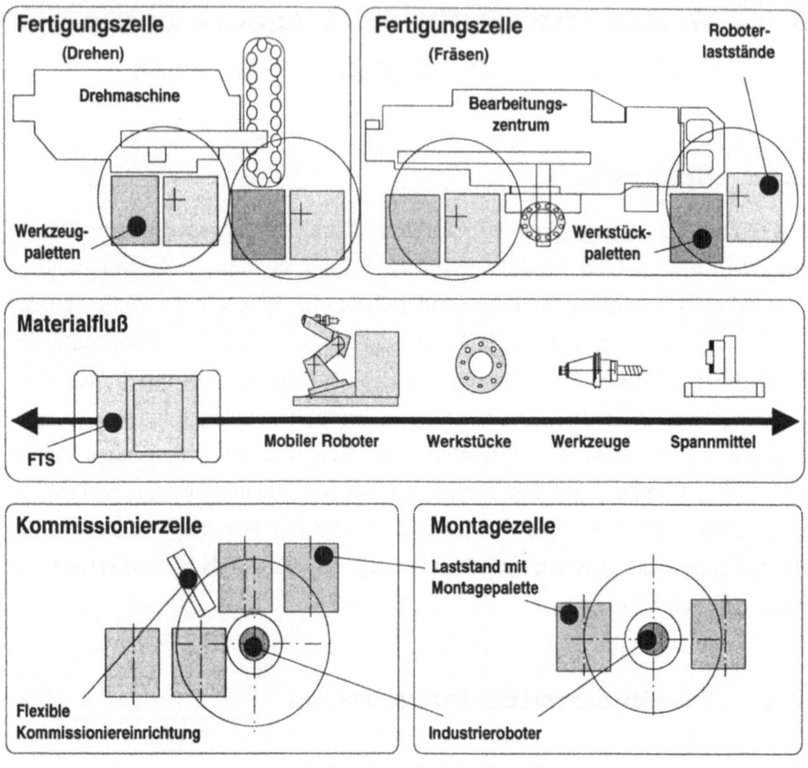

Bild 2.1:   Layout eines flexiblen Produktionssystems

Modulare Bestandteile flexibler Produktionssysteme sind damit flexible Produktionszellen (vgl. Bild 2.1). Es handelt sich dabei um rechnergeführte Arbeitsstationen in verteilter oder konzentrierter Struktur und deren zugeordneter Peripherie mit Überwachungseinrichtungen, Einrichtungen zur Bereitstellung und Zuführung von Werkstücken und Betriebsmitteln sowie Einrichtungen zur Verkettung mit anderen Zellen [GROH 88]. Die Einführung des Zellenkonzepts ist eine strukturelle Maßnahme. Sie führt durch die Schaffung entkoppelter Teilsysteme mit einheitlichen Schnittstellen für Informations- und Materialfluß zu einer Erhöhung der Systemverfügbarkeit [MILB 86].

2.2.2 Informationsverarbeitung in der flexiblen Produktion

Innerhalb der oben beschriebenen flexiblen Produktionssysteme können Rechnersysteme zur Koordination und Steuerung der Produktionsprozesse eingesetzt werden. Um die Komplexität dieser Aufgabe zu reduzieren und dadurch nicht zuletzt auch die Systemverfügbarkeit zu steigern, ist eine hierarchische Aufteilung der Informationsverarbeitung in funktionale Ebenen sinnvoll [EDER 91]. Jeder Ebene werden dazu definierte Aufgaben und relevante Daten mit gleichem Zeithorizont und gleicher Beschreibungstiefe zugeteilt. Die ISO schlägt dafür eine Unterteilung in fünf Ebenen vor, dargestellt in Bild 2.2 [AWK 90, ISO 86]. Hierbei wird zwischen der Planungs-, Leit-, Zellen-, Steuerungs- und Aktor/Sensorebene unterschieden.

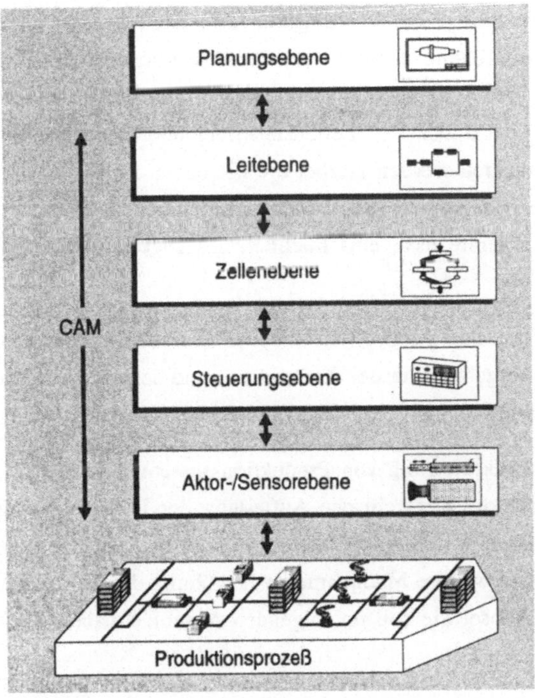

Bild 2.2: Informationstechnische Strukturierung der flexiblen Produktion

Die Planungsebene ist dabei sowohl zeitlich als auch räumlich vom Produktionsprozeß entkoppelt. Darin enthaltene Bereiche, wie z.B. die Produktkonstruktion (CAD), die Arbeitsplanung (CAP) und die Produktionsplanung und -steuerung (PPS), erzeugen Vorgabedaten, die zur Durchführung von Produktionsaufträgen im CAM-Bereich notwendig sind. CAM bezeichnet hierbei die EDV-Unterstützung zur technischen Steuerung und Überwachung der Betriebsmittel bei der Herstellung der Objekte im Fertigungsprozeß [N.N. 85a].

Auf Leitebene haben Leitsysteme die Abwicklung des Material- und Informationsflusses zur Aufgabe. Sie erlauben die Planung und Abwicklung der Produktionsaufträge, die sie von den Systemen aus der Planungsebene erhalten, unter Berücksichtigung vorgegebener Randbedingungen [KUPE 91].

Auf Zellenebene liegen die Kernaufgaben der Zellensteuerung in der Abwicklung der vom Leitsystem übertragenen Zellenaufträge, in der Überwachung der Produktionsabläufe sowie in der Fehlerdiagnose in der Produktionszelle. Die Aufgabe der Ansteuerung, Koordination und Synchronisation der Zellenkomponenten wird von der Zellensteuerung übernommen [GROH 88]. Als Zellenkomponenten werden hierbei die Elemente der Steuerungs- und Aktor-/Sensorebene bezeichnet, also Werkzeugmaschinen, Roboter, Peripherie- und Überwachungsgeräte usw. einschließlich der zugehörigen Gerätesteuerungen [SCHÖ 92].

Die Steuerungs- und Aktor-/Sensorebenen übernehmen die operative Durchsetzung der Vorgaben von der Zellenebene und setzen die Aktionen in Bearbeitungs-, Handhabungs- und Transportsequenzen um.

Sowohl die Strukturierung von Produktionssystemen in flexible Produktionszellen als auch die hierarchische Aufteilung der Informationsverarbeitung in funktionale Ebenen ermöglicht nicht zuletzt eine Steigerung der Systemverfügbarkeit. Eine weitere Maßnahme zur Erhöhung der Systemverfügbarkeit ist die Fehlerdiagnose. Sie soll im folgenden Abschnitt näher betrachtet werden.

2.3 Diagnose in flexiblen Produktionssystemen

2.3.1 Gegenstand der Diagnose

Nach DIN 31051 wird ein Fehler allgemein als Nichterfüllung vorgegebener Forderungen durch einen Merkmalswert definiert [N.N. 85b]. In Anlehnung an diese Definition soll ein Fehler als eine Abweichung vom Sollverhalten bezeichnet werden, die von der Beeinträchtigung der Funktionsfähigkeit der Systemkomponenten, über die Nichterfüllung ihrer Funktion bis hin zu ihrer Zerstörung führen kann.

Aufgabe der Diagnose ist es, ausgehend von Fehlermeldungen und Fehlersymptomen durch genauere Beobachtungen und Untersuchungen im Rahmen der Fehlerlokalisierung, den Ort und die Ursache des Fehlers zu finden sowie den Vorgang der Behebung des Fehlers zu unterstützen (Bild 2.3). Dazu gehört sowohl die Beseitigung der Fehlerursache und eventueller Auswirkungen als auch das Wiederaufsetzen des Produktionsbetriebs [SCHÖ 92].

Bild 2.3: Aufgaben der Fehlerdiagnose

Hierfür ist grundsätzlich, wie in Bild 2.4 dargestellt, die gesamte Wirkungskette zwischen dem System, dem Prozeß und dem Produkt zu berücksichtigen [BIRK 91]:

- Gegenstand der Systemdiagnose sind Systemfehler, beispielsweise Hardware-Fehler der Produktionszelle.

- Die Prozeßdiagnose behandelt Fehler im Bearbeitungs- oder Montageprozeß bzw. im zugehörigen Ablauf in der Zelle.

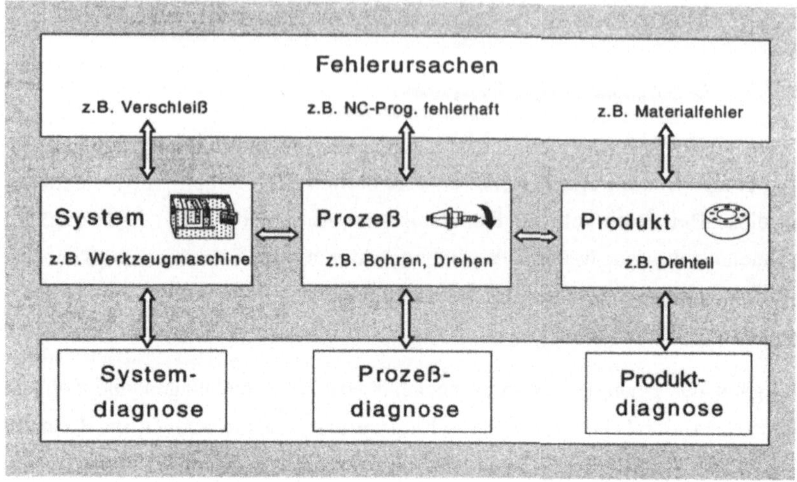

Bild 2.4:   Wirkungskette System-Prozeß-Produkt

- Die Produktdiagnose betrachtet Fehler am Produkt, die sich vor allem durch signifikante Abweichungen von den Qualitätsmerkmalen Maß, Lage, Form, Oberfläche und Werkstoff des betrachteten Werkstücks bei seiner Vermessung zeigen. Fehler am Produkt führen in der Regel jedoch nicht zur Beeinträchtigung der Funktionsfähigkeit der Systemkomponenten, es sei denn, daß z.B. ein Materialfehler am Produkt zu einem Bohrerbruch führt [KAHL 93].

2.3.2   Diagnose auf unterschiedlichen Hierarchieebenen

Um auf Fehler reagieren zu können, werden sowohl auf Steuerungs- und Zellen- als auch auf Leitebene Funktionen zur Fehlerbehandlung benötigt [SEIF 92]. Denn unabhängig davon, auf welcher Hierarchieebene ein Fehler auftritt, ergeben sich, wie in Bild 2.5 am Beispiel eines defekten Induktionsgebers dargestellt, Auswirkungen auf den übergeordneten Ebenen [HÄRD 88, SCHN 88]. Der Vorgang der Fehlerdiagnose sollte dabei grundsätzlich auf der niedrigsten Hierarchieebene erfolgen, da so der direkte Zugriff auf diagnoserelevante Daten möglich wird und sich die kürzesten Reaktionswege ergeben.

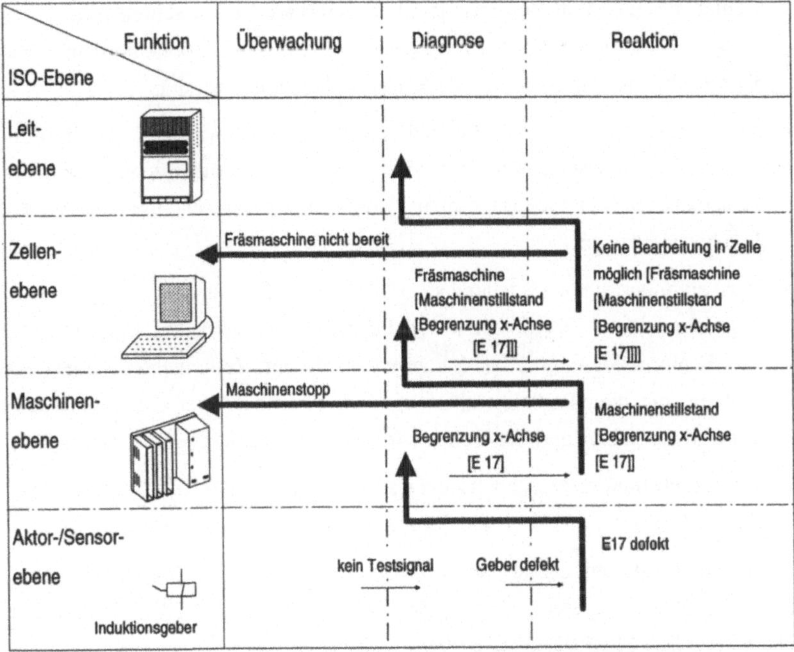

Bild 2.5:   Auswirkungen von Fehlern auf unterschiedlichen Hierarchieebenen (nach [HÄRD 88, SCHN 88])

Die Erkennung und Überwachung der komponenteninternen Vorgänge obliegt der Steuerungsebene. Auf dieser Ebene ist der direkte Zugriff auf die Sensorik in der Zelle durch die Steuerung der Überwachungskomponenten, wie z.B. eine Werkzeugbruchüberwachung, möglich. In diesem Bereich existieren bereits eine Vielzahl von Diagnosesystemen, die die Fehlerdiagnose auf Steuerungsebene erlauben (z.B. [FÄHN 90, HELM 92, ISER 92, RICH 92, VOSS 88]). Sie sind in der Regel auf spezielle Maschinen bzw. Anwendungen zugeschnitten und werden als Zusatzmodule in die Steuerungsebene integriert.

Die Aufgaben der Diagnose auf Zellenebene definiert Schönecker wie folgt [SCHÖ 92]:

- Fehler, die aus dem Zusammenwirken mehrerer Komponenten resultieren oder nur durch das Zusammenwirken mehrerer Komponenten behoben werden können, müssen auf Zellenebene behandelt werden.

- Sind keine oder nur unzureichende Diagnosefunktionalitäten für die einzelnen Zellenkomponenten verfügbar, so muß eine Unterstützung der Fehlerbehandlung auf Steuerungsebene durch Diagnosemechanismen auf Zellenebene erfolgen.

- Aus ergonomischen Gründen ist es zusätzlich die Aufgabe der Diagnose auf Zellenebene, Diagnosefunktionalitäten zu zentralisieren. Dazu müssen die Fehlermeldungen aller Steuerungen in der Zelle zentral angezeigt werden, um dem Bediener einen raschen Überblick über den Momentanzustand zu geben und die Fehlerinformationen gemeinsam zu behandeln.

- Zusätzlich muß die Leitebene über aufgetretene Fehler informiert werden, damit dort auf zu erwartende Störzeiten reagiert werden kann.

Auch hier existieren bereits rechnergestützte Systeme, die für die Diagnose auf Zellenebene eingesetzt werden können (z.B. [HAKE 91, HOFM 90, KIRA 89, SCHÖ 92, SEIF 92, STOR 90]).

Die Aufgaben im Bereich der Diagnose auf Leitebene liegen weniger in der Lokalisierung von Fehlern in der Produktionszelle als vielmehr in der Ergreifung von Maßnahmen zur Sicherung des Fertigungsflusses [SIMO 92]. Simon unterscheidet hierbei in Abhängigkeit des Ausmaßes einer Störung die Maßnahmen 'Terminadaption', 'Umplanen' und 'Neuplanen'. Eine 'Terminadapation' wird durchgeführt, wenn kurzfristige Störungen durch die Ausnutzung zeitlich vorhandener Reserven zwischen den Arbeitsvorgängen ausgeglichen werden können. Eine 'Umplanung' soll stattfinden, wenn eine Terminadaption nicht mehr möglich ist und wenn die Auswirkungen einer Störung sich auf einen Teilbereich des Maschinenbelegungsplans begrenzen lassen. In diesem Fall muß dieser Teilbereich des Belegungsplans erneut geplant werden. Ist eine Modifizierung des Belegungsplans nicht mehr möglich, so muß durch die Maßnahme 'Neuplanen' eine komplette Neuplanung auf Basis der angepaßten Verfügbarkeitsinformationen (z.B. Berücksichtigung der gestörten Maschinen, Verfügbarkeit von Ersatzmaschinen) und der Möglichkeiten zur Auftragsanpassung erfolgen [SIMO 92].

In diesem Abschnitt wurde deutlich, daß auf jeder Ebene des CAM-Bereichs auf Fehler reagiert werden muß. Eine besondere Aufgabe kommt dabei der Diagnose auf Zellenebene zu. Denn sie muß bei unzureichender Diagnosefunktionalität in Zellenkomponenten die Diagnose auf Steuerungsebene unterstützen, Fehler aus dem Zusammenwirken von Komponenten auf Zellenebene behandeln sowie die Leitebene über aufgetretene Fehler in der Produktionszelle informieren können. Ihr Aufgabenfeld erstreckt sich damit über alle Ebenen des CAM-Bereichs. Die Diagnose auf Zellenebene soll im folgenden Abschnitt näher betrachtet werden.

2.4 Diagnose auf Zellenebene

2.4.1 Diagnoseverfahren

Bestehende Verfahren zur Diagnose in Produktionszellen lassen sich in folgende Klassen einteilen [SCHÖ 92]:

- statistische Verfahren,

- assoziative (heuristische) Verfahren und

- modellbasierte Verfahren.

Statistische Verfahren bewerten das vorhandene Datenmaterial mit statistischen Ansätzen (z.B. Theorem von Bayes) und schließen daraus auf den Zusammenhang zwischen Ursache und Wirkung [FÄHN 90]. Sie zeichnen sich durch eine hohe Objektivierbarkeit aus, wenn die vorhanden Daten die statistischen Voraussetzungen erfüllen [PUPP 88]. Diese Verfahren besitzen jedoch nur ein eingeschränktes Anwendungsspektrum und sind nur für kleine Bereiche mit beschränkter Komplexität geeignet [KIRA 89].

Bei der Verwendung assoziativer Verfahren wird Erfahrungswissen über Fehlerzusammenhänge durch eine direkte Kopplung zwischen Symptom und Fehlerursache beschrieben [FÄHN 90]. Die Abbildung dieses Wissens kann sowohl in Form von Regeln als auch in Form von Fehlerbäumen erfolgen. Vereinfacht kann ein Fehlerbaum folgendermaßen beschrieben werden (vgl. Bild 2.6):

Ausgehend von einem Topevent, das zum Beispiel die Meldung über einen aufgetretenen Fehler beinhalten kann, beginnt die Fehlersuche im Fehlerbaum. Jeder Knoten des Baumes stellt einen Fehler dar. Dieser wird durch die ihm zugeordneten Symptome beschrieben und anhand dieser im Fehlerfall verifiziert oder falsifiziert. Wird er verifiziert, so können diesem Fehler weitere Fehler untergeordnet sein, die wiederum zu überprüfen sind, bis schließlich ein ursächlicher Fehler gefunden wurde.

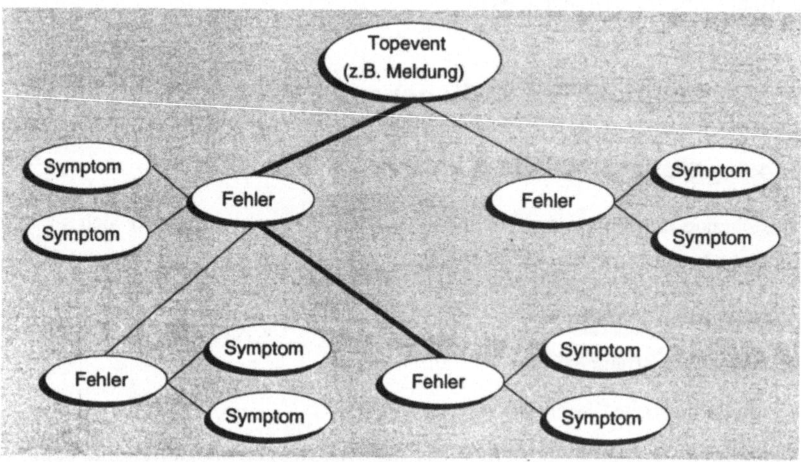

Bild 2.6: Vereinfachte Darstellung eines Fehlerbaumes

Zu den Vorteilen assoziativer Verfahren gehören ihre breite Einsetzbarkeit und ihre hohe Effizienz [PUPP 88]. Diesen Verfahren sind jedoch Grenzen gesetzt [BIRK 91]. So werden assoziative Verfahren aufgrund ihrer geringen Strukturierung ab einem gewissen Umfang unübersichtlich und schlecht wartbar, zudem sinkt ihre Effizienz bei umfangreichen Problemstellungen. Bereits vorhandenes Wissen über den Aufbau und den geplanten Prozeß in der Zelle läßt sich nur schlecht mit diesen Verfahren abbilden.

Modellbasierte Verfahren ermöglichen die Abbildung von kausalen Zusammenhängen gemäß dem Ursache-Wirkungsprinzip [PUPP 88]. Sie erlauben damit die Berücksichtigung von fehlerunspezifischem Wissen, wie das betrachtete Produktionssystem und die darin ablaufenden Prozeßvorgänge. Hierfür werden sowohl die physikalischen Strukturen des Realobjekts als auch seine Verhaltensprozesse modelliert. Eine Verletzung der modellgenerierten Vorgaben über die fehlerfreie Funktion des Realobjekts wird als Symptom für das Vorhandensein eines Fehlers angenommen [SPEC 89]. Modellbasierte Systeme verwenden daher vorwiegend das Wissen aus der Konstruktion und weniger das Erfahrungswissen über Fehlerzusammenhänge der Experten. Deshalb sind sie für die Repräsentation des gesamten diagnoserelevanten Wissens nicht geeignet [FÄHN 90].

Durch die Kopplung der modellbasierten Verfahren mit den assoziativen Verfahren läßt sich dieser Nachteil ausgleichen (vgl. Bild 2.7). Die Ergänzung des Strukturwissens modellbasierter Systeme um assoziatives Fehlerwissen, ermöglicht die Abbildung und Verarbeitung des gesamten Wissens, das zur Fehlerbehandlung sinnvoll ist, und kann daher zu einer umfassenden Diagnose auf Zellenebene führen [SCHÖ 92].

Bewertungskriterien / Diagnoseverfahren	Lösbarkeit komplexer Probleme	Anwendungsspektrum	Effizienz	Erklärungsfähigkeit
statistisch	gering	gering	mittel	gering
assoziaitv	mittel	hoch	hoch	mittel
modellbasiert	hoch	mittel	gering	hoch

Bild 2.7: Vor- und Nachteile verschiedener Diagnoseverfahren für Fertigungssysteme (in Anlehnung an [KIRA 89])

2.4.2 Wissensbasierte Diagnose

Diagnosesysteme, die assoziative bzw. modellbasierte Diagnoseverfahren einsetzen, gehören zur Klasse der wissensbasierten Systeme [SPEC 89]. Ziel bei der Entwicklung wissensbasierter Systeme ist es, durch die Verwendung von Techniken der 'Künstlichen Intelligenz' und der Repräsentation menschlichen Wissens, die menschlichen Problemlösefähigkeiten zumindest in begrenzten Anwendungsgebieten im Rechner nachzubilden [KARB 90].

Ein wesentlicher Vorteil der wissensbasierten Systeme zur Diagnose liegt darin, daß sie aufgrund ihrer formalen Modellstrukturen an unterschiedlichste Produktionszellen angepaßt werden können. Ihre Problemlösungsmechanismen bauen auf diesen Modellstrukturen auf und erlauben fehlerabhängig die Verarbeitung des im Modell abgebildeten Wissens.

In Abgrenzung zu Daten, die eine Sammlung von gemessenen oder beobachteten Werten oder Phänomenen der realen Welt sind [WIED 86], wird Wissen im Bereich der wissensbasierten Systeme wie folgt definiert: Wissen umfaßt zu einem bestimmten Zweck ausgewählte und organisierte Daten, die so strukturiert vorliegen, daß Beziehungen zwischen den Daten aufgedeckt und aktiv zur Problemlösung genutzt werden können [KRAL 91]. Der Übergang von Daten zu Wissen ist jedoch fließend [PUPP 88].

Für die Erstellung von Modellstrukturen zur Repräsentation von Wissen kommen in wissensbasierten Systemen vor allem objektorientierte Methoden zum Einsatz. Sie sollen im folgenden kurz beschrieben werden. Eine ausführliche Betrachtung dieser Grundlagen findet sich z.B. bei [SCHE 86, SPEC 89].

Zu den bekanntesten Methoden zur Wissensrepräsentation in wissensbasierten Systemen gehören, wie in Bild 2.8 in einer Übersicht dargestellt [HART 91]:

- semantische Netze,

- Objekt-Attribut-Wert-Tripel,

- Regeln und

- Frames.

Bild 2.8:   Methoden der Wissensdarstellung

Semantische Netze bestehen aus einer Sammlung von Knoten, die durch sogenannte Bögen in Beziehung gesetzt werden. Knoten können physikalische oder gedankliche Objekte sein, wie z.B. Werkzeug oder Zustand, aber auch Deskriptoren, die zusätzliche Informationen über Objekte liefern, wie z.B., daß der Zustand des Werkzeugs 'gebrochen' ist.

Bei Objekt-Attribut-Wert-Tripeln werden Objekte durch Attribute beschrieben, die wiederum bestimmte Werte annehmen können. Ein Objekt dient zur Darstellung eines physikalischen oder gedanklichen Elements. Attribute kennzeichnen die Eigenschaften von Objekten. Der Wert beschreibt die Beschaffenheit eines Objekts, wie z.B., daß das Werkzeug gebrochen ist.

Eine Regel besteht aus einer Vorbedingung, der sogenannten Prämisse, und einer Schlußfolgerung. Ist die Vorbedingung der Regel erfüllt, so wird eine Aktion im Schlußfolgerungsteil der Regel ausgeführt.

Ein Frame ist ein Objekt, das in sogenannten Slots die gesamte Information enthält, die mit dem Objekt assoziiert werden kann. Hierzu gehören:

- das Objekt beschreibende Werte, wie z.B. der Typ des Werkzeugs,

- Platzhalter für Werte, wie z.B. der Zustand des Werkzeugs, der beim Objekt 'Werkzeug' mit dem Wert 'intakt' vorbelegt werden kann,

- Zeiger auf andere Frames wie der Ort, an dem sich das Werkzeug befindet sowie

- Regeln und Prozeduren (Methoden), die diesem Frame zugeordnet werden können, wie z.B. die Prozedur, die eine Meldung an den Bediener ausgibt, wenn sich ein bestimmter Wert eines Objekts ändert.

Basierend auf diesen Methoden zur Wissensrepräsentation können Modellstrukturen entwickelt werden, in die das Diagnosewissen abgebildet wird. Diese Modellstrukturen werden in der Wissensbasis des wissensbasierten Systems aufgebaut. Bild 2.9 zeigt den Aufbau eines solchen Systems. Aufgabe der Problemlösungskomponente ist die fehlerabhängige Verarbeitung von Wissen während des Diagnosevorgangs. Hierfür wird benötigtes dynamisches

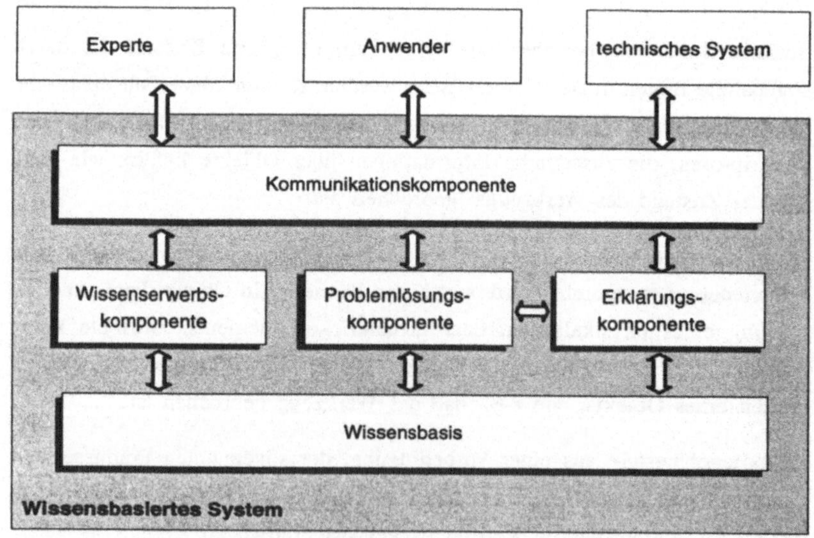

Bild 2.9:   Struktur eines wissensbasierten Systems

Wissen, z.B. über aktuelle Systemzustände im technischen System, über die Kommunikationskomponente vom Anwender erfragt oder über eine entsprechende Schnittstelle aus dem technischen System automatisiert erworben. Die Erklärungskomponente hat die Aufgabe, den Weg der Problemlösung aufzubereiten und ihn ebenfalls über die Kommunikationskomponente dem Anwender transparent und verständlich zu machen. Für die Abbildung des statischen Grundwissens, wie z.B. Wissen über mögliche Fehlerzusammenhänge oder über den Aufbau der Produktionszelle, dient die Wissenserwerbskomponente in Verbindung mit der Kommunikationskomponente. Die Eingabe dieses Wissens erfolgt durch entsprechende Experten, die über das zur Diagnose benötigte Grundwissen verfügen.

2.4.3 Bestehende wissensbasierte Diagnosesysteme

Untersucht man bestehende Diagnosesysteme, die in flexiblen Produktionszellen eingesetzt werden können, so zeigt sich, daß sich in den letzten Jahren Systeme etabliert haben, die hybride wissensbasierte Diagnoseverfahren einsetzen und folglich sowohl assoziative als auch modellbasierte Verfahren verwenden (vgl. [HÄRD 92, HAKE 91, HOFM 90, KIRA 89, SCHÖ 92, SEIF 92, STOR 90, WECK 89, WIED 93]).

Um den prinzipiellen Aufbau und die Funktionsweise dieser hybriden wissensbasierten Diagnosesysteme zu verdeutlichen, soll, stellvertretend für andere Systeme, das Diagnosesystem ZeDiS beschrieben werden [SCHÖ 92].

ZeDiS berücksichtigt im Rahmen einer umfassenden Diagnose die durchgängige Wirkungskette der Fehlerbehandlung von der Anzeige und Lokalisierung von Fehlern bis zu deren Behebung (vgl. Bild 2.10). Es wurde dazu auf Zellenebene funktional voll in die Zellensteuerung, den sogenannten Zellenrechner [GROH 88], integriert und damit in die Strukturen der flexiblen Produktion. Durch diese Integration können zum einen Fehlermeldungen online erfaßt werden. Zum anderen können von ZeDiS Maßnahmen zur Behebung von Fehlern in der Produktionszelle über den Zellenrechner eingeleitet werden. Die Meldung der aufgetretenen Störung an das Leitsystem erlaubt, abhängig von der zu erwartenden Stördauer, das Ergreifen von Maßnahmen

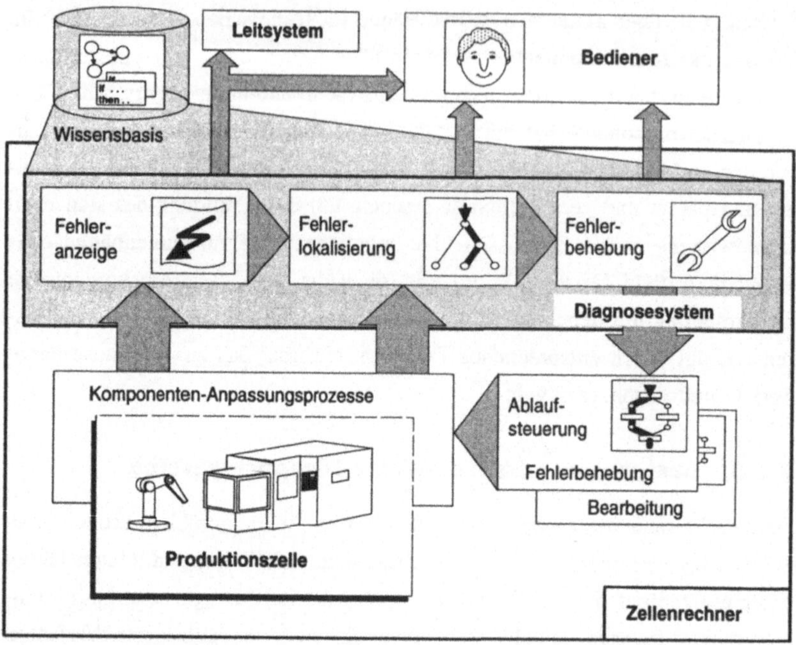

Bild 2.10: Funktionale Struktur des Diagnosesystems ZeDiS [SCHÖ 92]

zur Sicherung des Fertigungsflusses auf Leitebene, wie z.B. die Umplanung von Aufträgen auf andere Zellen.

Neben der Verarbeitung des eigentlichen Fehlerwissens über Fehlerzusammenhänge ermöglicht ZeDiS die Verarbeitung von Wissen über die System- und Prozeßstruktur der Zelle. Bild 2.11 zeigt dazu das dem Diagnosesystem zugrundeliegende Diagnosemodell. Es ist in verschiedenen Ebenen strukturiert und soll im folgenden beschrieben werden.

Auf der Diagnoseebene 'Erfahrung' läßt sich das Erfahrungswissen eines Experten über direkte Fehlerzusammenhänge durch einen Fehlerbaum repräsentieren. Die assoziative Fehlerdiagnose läßt sich dieser Ebene zuordnen.

Die beiden mittleren Diagnoseebenen ermöglichen die Abbildung von Prozeßwissen. Die Funktion einer Produktionszelle wird vom Verhalten der Zelle

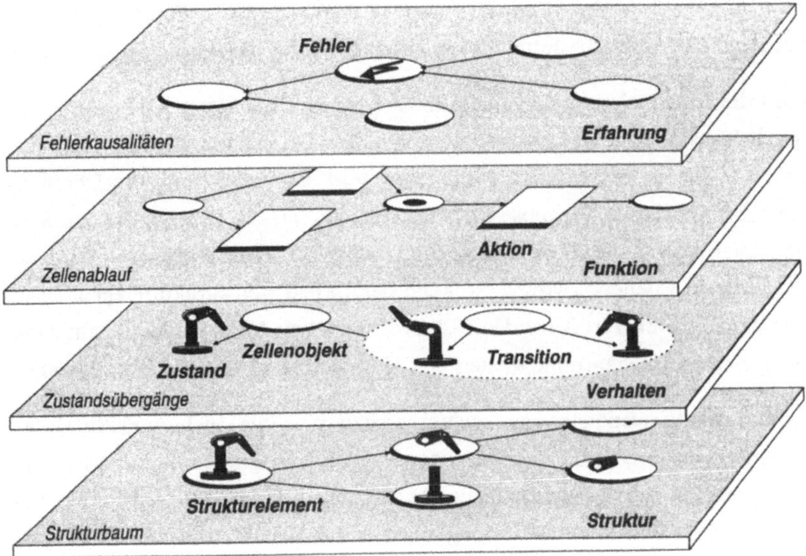

Bild 2.11: Ebenenmodell des Diagnosesystems ZeDiS [SCHÖ 92]

in Abhängigkeit von einem ihr aufgeprägten Sollablauf bestimmt. Dieser Sollablauf stellt das Steuerungsprogramm des Zellenrechners dar. Für eine Modellierung der Zelle muß daher dieses Ablaufprogramm auf der Diagnoseebene 'Funktion' abgebildet werden. Das aus dem Zellenablauf resultierende Verhalten der beeinflußten Elemente in der Zelle wird durch ihre Zustände bzw. Zustandsübergänge beschrieben. Diese werden daher ebenfalls im Zellenmodell auf der Diagnoseebene 'Verhalten' abgelegt. Der Vergleich des Sollablaufs mit dem Istablauf im Rahmen der modellbasierten Prozeßdiagnose ist diesen beiden Ebenen zuzuordnen.

Auf der Diagnoseebene 'Struktur' wird Wissen über die Systemstruktur der Zelle ebenso wie das Fehlerwissen mittels einer Baumstruktur repräsentiert. Dadurch wird die hierarchische Beschreibung des Aufbaus der Zelle aus Geräten, Baugruppen und Bauteilen möglich. Dieser Strukturbaum dient der örtlichen Eingrenzung des Fehlerbereichs und ist der untersten Ebene des Modells zugeordnet. Er ist als Grundgerüst für die Zellenmodellierung auch dann zur Fehlersuche nützlich, wenn kein Wissen über Fehlerkausalitäten vorliegt. Die modellbasierte Systemdiagnose findet auf dieser Ebene statt.

Sind die Möglichkeiten zur assoziativen Diagnose mit Hilfe des Fehlerbaums durch Kausalitätslücken erschöpft, so wird auf die Ebene im Modell gesprungen, auf die im Fehlerelement verwiesen wird. Es findet damit der Übergang zur modellbasierten Diagnose statt. Ein Verweis auf die Ebenen, die den Soll- und Istablauf in der Zelle beschreiben, führt zur Prozeßdiagnose. Wird auf die unterste Ebene verwiesen, so kann der Defekt von Strukturelementen im Strukturbaum überprüft werden. Rückverweise von Modellobjekten auf mögliche Fehlerursachen ermöglichen den Rücksprung in den Fehlersuchbaum.

Durch die Verwendung von sowohl assoziativen als auch modellbasierten Diagnoseverfahren sind hybride wissensbasierte Diagnosesysteme grundsätzlich geeignet, eine effiziente Fehlerbehandlung in Produktionszellen durchzuführen (vgl. Bild 2.7). Sie ermöglichen damit die Reduzierung technischer Ausfallzeiten und können dadurch eine Erhöhung der Verfügbarkeit flexibel automatisierter Produktionsanlagen bewirken.

Grundvoraussetzung für den Einsatz dieser Systeme ist jedoch die Präsenz des diagnoserelevanten Wissens in den Modellstrukturen ihrer Wissensbasis (vgl. Bild 2.9). Die Analyse des für die Diagnose auf Zellenebene benötigten Wissens sowie bestehende Verfahren für dessen Erwerb sollen im folgenden Abschnitt betrachtet werden.

2.5   Wissenserwerb für die Diagnose auf Zellenebene

2.5.1   Relevantes Wissen für die Diagnose

Wie in Kapitel 2.3.1 beschrieben und in Bild 2.4 verdeutlicht, ist für eine umfassende Diagnose auf Zellenebene die gesamte Wirkungskette zwischen dem betrachteten System, dem Prozeß, dem Produkt sowie dem damit zusammenhängenden expliziten Fehlerwissen zu berücksichtigen. Relevantes Wissen für die Diagnose auf Zellenebene ist damit, wie in Bild 2.12 dargestellt, Wissen über:

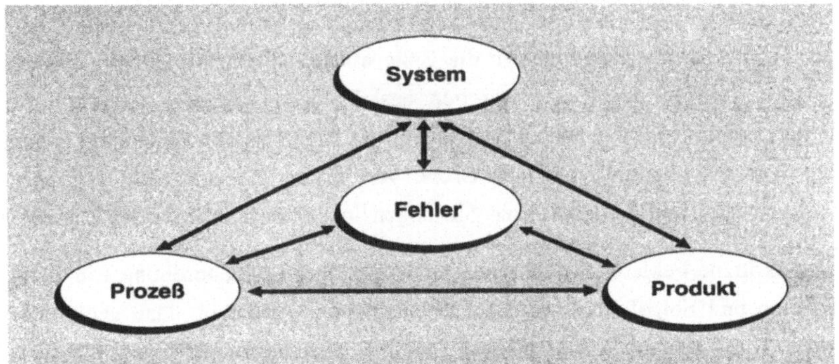

Bild 2.12: Diagnoserelevante Wissensbereiche

- das System,

- den Prozeß,

- das Produkt

- sowie über Fehlerzusammenhänge.

Wissen über das System beinhaltet Wissen über den Aufbau und die Eigenschaften der Produktionszelle. Eine Produktionszelle besteht aus unterschiedlichen Zellenkomponenten, wie z.B. aus den in einer Zelle eingesetzten Maschinen, Werkzeugen und Überwachungseinrichtungen. Systemwissen über den Aufbau der Produktionszelle ist sowohl durch den Aufbau der einzelnen Zellenkomponenten gekennzeichnet als auch durch deren Verkettung untereinander in der Produktionszelle. Das diagnoserelevante Wissen über die Eigenschaften der einzelnen Systemelemente ergibt sich im wesentlichen durch die Verknüpfung mit dem Wissen über den Prozeß und mögliche Fehler. So können Zellenkomponenten Prozeßvorgänge ausführen, Meldungen auslösen und bestimmte Zustände einnehmen. Gleichzeitig sind bestimmte Zustände der Zellenkomponenten Symptome für mögliche Fehler.

Wissen über den Prozeß beinhaltet die dynamischen Eigenschaften des Systems. Es umfaßt sowohl die möglichen, die geplanten als auch die tatsächlich ablaufenden Vorgänge in der Zelle und das aus diesen resultierende Verhalten der Zellenkomponenten, beschrieben durch deren Zustandsänderungen.

Diagnoserelevantes Wissen über das Produkt beinhaltet geometrische und technische Eigenschaften des in die Zelle eingebrachten Werkstücks. Dieses Wissen wird in der Regel von den bestehenden Diagnosesystemen nicht berücksichtigt. Es ist jedoch z.B. dann für die Diagnose von Bedeutung, wenn ein Werkstück aufgrund seiner Größe von einem Roboter nicht gegriffen werden kann und es dadurch zu Störungen in der Produktionszelle kommt.

Das explizite Fehlerwissen ist gekennzeichnet durch die Zuordnung von Symptomen und Folgefehlern auf ursächliche Fehler. Zusätzlich dazu gehört das Wissen zur Behebung von Fehlern, wie z.B. Reparaturanleitungen und Programme für das Wiederaufsetzen des Produktionsbetriebs. Dieses Fehlerwissen ist eng mit dem Wissen über das System, das Produkt und über den Prozeß verknüpft, denn Fehler geben Auskunft über die Ursachen falscher Zustände von Systemelementen und Werkstücken, die durch Vorgänge bewirkt wurden.

2.5.2 Bestehende Verfahren zum Wissenserwerb

Die Aufgabe des Wissenserwerbs bezeichnet Karbach als die Erfassung von Wissen aus verschiedenen Wissensquellen, wie z.B. Experten oder Handbüchern, sowie die anschließende Bereitstellung dieses Wissens in der Wissensbasis eines wissensbasierten Systems [KARB 90]. Neuere Arbeiten berücksichtigen zusätzlich den Erwerb von Wissen aus rechnergestützten Systemen, wie z.B. aus Steuerungen von Werkzeugmaschinen oder aus den Dateien von CAD-Systemen [FAUP 92, NOE 91]. Als nutzbare Wissensquellen kann damit zwischen Experten, Unterlagen und rechnergestützten Systemen unterschieden werden. Im folgenden sollen die bestehenden Verfahren zum Erwerb von Wissen aus diesen Wissensquellen untersucht und bewertet werden.

Erwerb von Expertenwissen

Den Erwerb von Wissen von einem Experten beschreibt Specht als einen mehrstufig rückgekoppelten Prozeß zwischen einem Wissensingenieur und den befragten Experten, die über das benötigte Wissen verfügen [SPEC 89]. Aufgabe des Wissensingenieurs ist es dabei, die Wissenserhebung durchzuführen, das erfaßte Wissen über das betrachtete Arbeitsgebiet (Domäne) zu interpretieren und in das wissensbasierte System einzufügen. Der Vorgang der Befragung muß so lange wiederholt werden, bis ein befriedigend ablauffähiger Systemprototyp entstanden ist. In der Testphase wird die korrekte Funktionsweise des Systems anhand von Testbeispielen überprüft und gegebenenfalls verbessert. Bild 2.13 verdeutlicht diesen Zusammenhang.

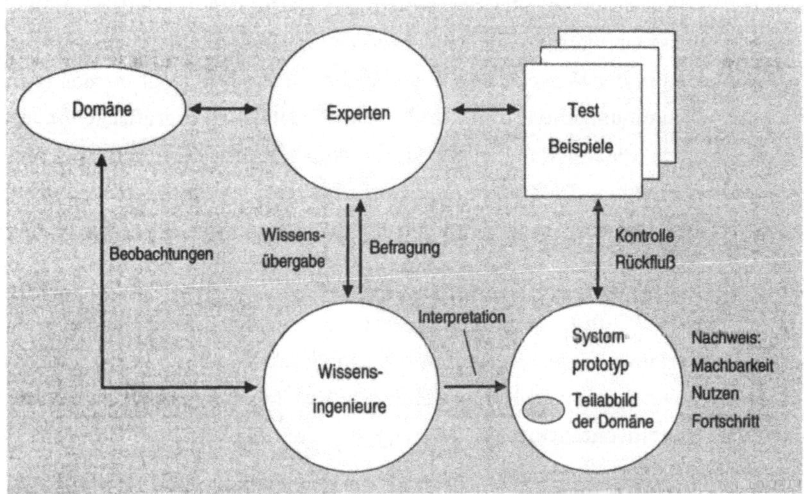

Bild 2.13: Prozeß des Erwerbs von Expertenwissen (nach [GÖBL 87])

Hierbei erweist sich der Vorgang der Expertenbefragung als schwierig, weil die Experten durch eine Befragung vor neue Anforderungen gestellt werden. Es werden der Lösungsweg, die vermuteten Alternativen, die Symptome für Verdacht, Beweis oder Widerlegung von Fehlerursachen wichtig. Darauf sind die Experten in der Regel nicht vorbereitet [AWK 90]. Specht beschreibt hierfür bereits ausführlich Techniken aus der psychologischen Forschung, mit denen Hemmnisse, wie mangelnde Motivation oder fehlende Erfahrung zur Darstellung eines Fachgebietes und damit die Gefahr Randbedingungen oder wesentliche Teile zu vergessen, reduziert werden können [SPEC 89]. Dazu gehören z.B. das fokussierte und das strukturierte Interview sowie die Introspektion, bei der dem Experten typische Fälle vorgelegt werden, anhand denen er die generelle Vorgehensweise des Lösungsprozesses erläutern kann.

Projiziert man diesen Vorgang des Wissenserwerbs auf das Anwendungsgebiet der Diagnose auf Zellenebene, so kann diagnoserelevantes Wissen durch eine Befragung der verschiedenen Experten aus dem Unternehmen erfaßt werden. Als zu befragende Experten sind dabei z.B. Konstrukteure von Werkzeugmaschinen und Servicetechniker geeignet [FÄHN 90, VERW 90].

Um dieses Wissen einem Diagnosesystem zur Verfügung zu stellen, muß es über die Wissenserwerbskomponente bzw. deren Kommunikationsschnittstellen erfaßt und in der Wissensbasis des Diagnosesystems abgelegt werden (vgl. Bild 2.9). Kommunikationsschnittstelle zum Benutzer sind grafische Benutzeroberflächen, die im Rahmen des manuellen Wissenserwerbs die Eingabe von Wissen erlauben. Ihr struktureller Aufbau ist wesentlich für die Effizienz, mit der Wissen erworben werden kann.

Zur Eingabe des diagnoserelevanten Wissens unterscheidet Bartl drei Ebenen [BART 89, BART 90]. In der ersten Ebene erfolgt die Eingabe von Wissen aus den Interviews für eine grobe Beschreibung des Systems. In der zweiten Ebene wird das Systemverhalten beschrieben. Zusätzlich wird dort das Wissen über das System durch die Verknüpfung mit dem Wissen über den Prozeß ergänzt. Die dritte Ebene dient zur Eingabe des Fehlerwissens.

Das von Weck und Kiratli beschriebene Diagnosesystem verfügt über unterschiedliche Menüs zur Eingabe von Wissen über Komponenten, über die Feinstruktur des Systems und über explizites Fehlerwissen [WECK 89].

Schönecker gliedert die Benutzeroberfläche seiner Wissenserwerbskomponente gemäß dem internen Aufbau der Modellstruktur seines Diagnosesystems. Er unterscheidet damit Bereiche zur Eingabe von Wissen über die einzelnen Modellobjekte wie Zelle, Komponenten, Aktionen, Fehler usw. [SCHÖ 92].

Neben diesen Ansätzen lassen sich eine Vielzahl weiterer Strukturen von Benutzeroberflächen zur manuellen Eingabe von Wissen beschreiben. Zusammenfassend kann gesagt werden, daß der manuelle Wissenserwerb durch die Eingabe von Wissen über strukturierte, grafische Benutzeroberflächen und durch die anschließende Abbildung dieses Wissens in die Wissensbasen der Diagnosesysteme erfolgt.

Um die Effizienz der Verfahren zum Erwerb von Expertenwissen zu bewerten, muß berücksichtigt werden, daß gerade die Diagnose auf Zellenebene aufgrund ihres breiten Aufgabenfelds (vgl. 2.3.2) eine große Menge an diagnoserelevantem Wissen benötigt (vgl. 2.5.1). Zu beachten ist weiterhin, daß das Diagnosewissen einem zeitlichen Wandel unterworfen ist. Wird z.B. ein neuer Auftrag in die Zellen eingelastet, so muß das vorhandene Wissen aktualisiert werden. Dazu gehört u.a. die Berücksichtigung neuer auftragsspezifischer Betriebsmittel, der neue Sollablauf sowie das aus dieser geänderten Zellenkonfiguration resultierende Wissen über neue mögliche Fehler. Der Wissenserwerb für die Diagnose auf Zellenebene beschränkt sich daher nicht auf einen einmaligen Vorgang, sondern muß ständig wiederholt werden.

Diese Ausführungen machen deutlich, daß der Vorgang des Wissenserwerbs mit den oben genannten Verfahren sehr zeitaufwendig ist.

Erwerb von Wissen aus Unterlagen

Liegt Diagnosewissen in Form von Unterlagen vor, so kann es direkt vom Wissensingenieur interpretiert und als Ergänzung zur Expertenbefragung, wie in Bild 2.14 dargestellt, über die Wissenserwerbskomponente in die Wissens-

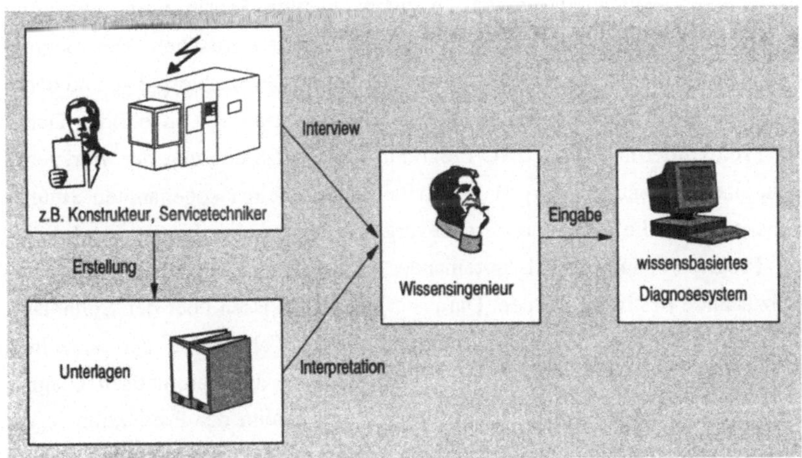

Bild 2.14: Ergänzender Wissenserwerb aus Unterlagen

basis eines Diagnosesystems abgebildet werden [VERW 90]. Als nutzbare Unterlagen für die Diagnose sind Strukturstücklisten, Ersatzteilverzeichnissse, Betriebsanleitungen, Schaltpläne, Monteurberichte, Benutzerhandbücher sowie Servicehandbücher zu bezeichnen [BULL 89].

Der Erwerb von Wissen aus Unterlagen ist sinnvoll, da das Wissen in dieser Form bereits strukturiert vorliegt und daher effizient erfaßt werden kann.

Erwerb von Wissen aus rechnergestützten Systemen

Der Erwerb von Wissen aus rechnergestützten Systemen ermöglicht über entsprechende Schnittstellen die automatisierte Abbildung von Wissen in die Wissensbasis der Diagnosesysteme und kann daher zu einem sehr effizienten Erwerb von Wissen führen. Hierfür bereits bestehende Verfahren sollen im folgenden untersucht und diskutiert werden.

Zum Wissenserwerb für die Fehlerdiagnose an Werkzeugmaschinen hat Faupel ein System entwickelt, das die automatisierte Erfassung von Prozeßvorgängen in Werkzeugmaschinen erlaubt [FAUP 92]. Hierbei erfolgt in einem ersten Schritt, über eine grafische Benutzeroberfläche, manuell die Erstellung von formalen Modellstrukturen über den prinzipiellen Aufbau und die Funktionsweise einer Werkzeugmaschine. In einem zweiten Schritt wird, wiederum manuell, das Wissen über die Systemstruktur einer spezifischen Werkzeugmaschine sowie das Wissen über mögliche ausführbare Prozeßvorgänge und deren mögliche Prozeßzustände in die erstellten Modellstrukturen abgebildet. Durch die Protokollierung eines CNC-Programms aus der Steuerung der Werkzeugmaschine während eines Testlaufs können, mittels einer sogenannten Simulationsfunktion, die möglichen Prozeßvorgänge entsprechend dem protokollierten Programm automatisch miteinander verkettet und die zugehörigen Prozeßzustände bestimmt werden. Daraus ergibt sich Wissen über den Sollablauf. Aus der manuellen Zuordnung von möglichen Fehlern zu den einzelnen Prozeßvorgängen bzw. deren Prozeßzuständen, werden automatisch Diagnoseregeln abgeleitet. Wird dasselbe Programm während der Produktion in die Werkzeugmaschine eingelastet, so kann durch die erneute Protokollierung des Ablaufs ein Soll-Ist-Vergleich durchgeführt werden. Stimmen die Zustände aus Soll- und Istablauf nicht überein so werden die entsprechenden Diagnoseregeln aktiviert. Sie geben Auskunft über die mögliche Fehlerursache.

Neben dem manuellen Erwerb von Wissen über eine Benutzeroberfläche verwendet Noe zur automatisierten Erfassung von diagnoserelevantem Wissen eine CAD-Datei, um die Liste von Komponenten einer hydraulischen Anlage zu erhalten [NOE 91]. Zusätzlich beschreibt er einen Mechanismus, der die automatisierte Gewinnung von Wissen durch die Protokollierung der Zustandsänderungen in einer SPS bei einem störungsfreien Ablauf erlaubt. Dadurch soll ein Soll-Ist-Vergleich im Fehlerfall möglich werden.

Diese Verfahren erlauben grundsätzlich einen automatisierten Wissenserwerb und reduzieren dadurch den Aufwand für den Wissenserwerb. Beide Verfahren wurden jedoch für den Einsatz in Diagnosesystemen auf Steuerungsebene entwickelt. Sie sind außerdem auf spezielle Anwendungsfälle zugeschnitten.

Die automatisierte Protokollierung des Sollablaufs aus den Steuerungen ist dann sinnvoll einsetzbar, wenn es sich um Vorgänge handelt, die wiederholt durchgeführt werden. Für die Übertragung dieses Verfahrens auf die Diagnose in flexiblen Produktionszellen muß jedoch berücksichtigt werden, daß in diesen Zellen Aufträge mit geringen Losgrößen gefertigt werden. Es ist daher fraglich, ob es praktikabel ist, vor jedem Auftrag einen Testlauf zu starten, den Ablauf zu protokollieren und die möglichen auftragsabhängigen Fehler manuell in das Diagnosesystem abzubilden, bevor der Auftrag schließlich gefertigt werden kann.

Der automatisierte Erwerb von Wissen aus einem CAD-System über eine entsprechende Schnittstelle zum Diagnosesystem ist grundsätzlich sinnvoll. Er setzt jedoch die Existenz des entsprechenden CAD-Systems im Unternehmen voraus. Verfügt ein Unternehmen über ein anderes CAD-System, so muß die Schnittstelle neu entwickelt und durch einen Eingriff in den Quellcode des Diagnosesystems integriert werden. Dieser Eingriff ist jedoch problematisch, denn er setzt den Besitz und die genaue Kenntnis des Quellcodes des Diagnosesystems voraus.

2.6 Zusammenfassung und Diskussion

Vor dem Hintergrund bestehender Strukturen in der flexiblen Produktion wurde die Fehlerbehandlung in flexiblen Produktionssystemen untersucht. Der Diagnose auf Zellenebene kommt dabei aufgrund ihres breiten Aufgabenfelds, das sich über alle Ebenen des CAM-Bereichs erstreckt, eine besondere Bedeutung zu. Erfolgversprechende Ansätze für die Diagnose auf Zellenebene ergaben sich in den letzten Jahren durch die Entwicklung von hybriden wissensbasierten Verfahren. Diese können, basierend auf formalen Modellstrukturen, an verschiedene Produktionszellen angepaßt werden und durch den Einsatz von sowohl assoziativen als auch modellbasierten Diagnoseverfahren zu einer effizienten Fehlerdiagnose auf Zellenebene führen. Sie ermöglichen daher die Reduzierung von technischen Ausfallzeiten und sind geeignet die Verfügbarkeit kostenintensiver, flexibel automtatisierter Produktionsanlagen zu erhöhen.

Generell werden jedoch wissensbasierte Systeme zur Fehlerdiagnose bislang selten industriell eingesetzt [RICH 92]. Ursache dafür ist vor allem der hohe Aufwand für den Wissenserwerb (vgl. Bild 1.1). Dieser kann als zentrales Problem für den Einsatz wissensbasierter Diagnosesysteme bezeichnet werden [BULL 89, FÄHN 90, FAUP 92, SPEC 89]. Dieses Problem trifft in besonderem Maße für die Diagnose auf Zellenebene zu, da aufgrund ihres breiten Aufgabenfelds eine große Menge an Wissen benötigt wird, das zudem ständig aktualisiert werden muß.

Die bestehenden Verfahren zum manuellen Wissenserwerb für die Diagnose auf Zellenebene erlauben die Eingabe von Diagnosewissen über die grafische Benutzeroberfläche der Diagnosesysteme. Der dafür benötigte Aufwand ist jedoch sehr hoch. Bestehende Verfahren zum automatisierten Wissenserwerb existieren bislang ausschließlich für die Diagnose auf Steuerungsebene. Sie sind zudem auf spezielle Anwendungen zugeschnitten.

Es besteht daher Handlungsbedarf, den Aufwand beim Wissenserwerb für Diagnosesysteme auf Zellenebene zu minimieren, als Voraussetzung für ihren wirtschaftlichen Einsatz.

3 Untersuchungen zur Aufwandsminimierung beim Wissenserwerb für die Diagnose auf Zellenebene

3.1 Übersicht

Ziel dieses Kapitels ist die Erarbeitung von Anforderungen zur Minimierung des Aufwands beim Wissenserwerb für die Diagnose auf Zellenebene. Voraussetzung dafür sind grundlegende Untersuchungen zur Aufwandsminimierung, zum einen bei der Erfassung von Diagnosewissen durch die Analyse seines Entstehungsorts und -zeitpunkts und seiner Repräsentationsformen im Produktionsumfeld und zum anderen bei der Bereitstellung von Wissen für die Diagnosesysteme an den verschiedenen Produktionszellen.

3.2 Analyse der Entstehung von Diagnosewissen

3.2.1 Strukturierung von Wissen gemäß seinen Entstehungsphasen

Um einen effizienten Wissenserwerb für die Diagnose zu ermöglichen, muß Wissen dort gewonnen werden, wo der Aufwand für seinen Erwerb am geringsten ist. Dieses Ziel setzt eine Analyse des Entstehungsorts und -zeitpunkts von diagnoserelevantem Wissen voraus. Hierfür wird der Entstehungsprozeß von diagnoserelevantem Wissen in zeitliche Phasen und Bereiche unterteilt. Unterschieden wird dabei die Entstehung von Diagnosewissen während [SCHÖ 92]:

- der Komponentenherstellung bei unternehmensexternen Anbietern,

- der Systemplanung und Realisierung des Produktionssystems durch unternehmensexterne Systemanbieter bzw. Systemlieferanten,

- der Produktkonstruktion und Arbeitsablaufplanung im Produktionsvorfeld beim Anwender des Produktionssystems im Unternehmen und während

- der Produktion im Unternehmen (vgl. Bild 3.1).

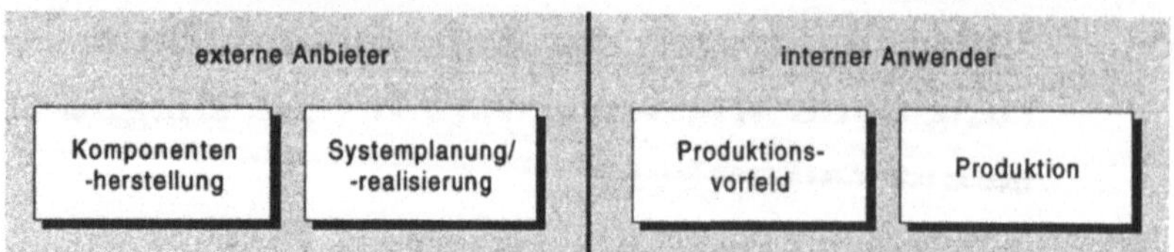

Bild 3.1: Entstehungsphasen diagnoserelevanten Wissens

Eine nähere Beschreibung dieser Phasen wird in den nächsten Abschnitten erfolgen. Es wird sich zeigen, daß das diagnoserelevante Wissen über das System, den Prozeß, das Produkt und über Fehlerzusammenhänge (vgl. 2.5.1) zu unterschiedlichen Zeiten in diesem diagnoserelevantem Produktionsumfeld entsteht.

3.2.2 Komponentenherstellung

Um betriebliche Aufgaben erfüllen zu können, werden neben finanziellen Mitteln, Menschen, Material sowie dem Methodenwissen zur Durchführung der betrieblichen Aufgaben, Betriebsmittel benötigt [MILB 90a]. Als Betriebsmittel im engeren Sinne werden dabei u.a. Maschinen, Vorrichtungen und Werkzeuge bezeichnet [REFA 85]. Abgesehen von der Konstruktion und Entwicklung eventuell notwendiger Sonderwerkzeuge und Vorrichtungen durch den Anwender im Produktionsvorfeld, müssen Betriebsmittel extern über den Beschaffungsmarkt erworben werden [REFA 85]. Aus diesem Grund beginnt die Entstehung diagnoserelevanten Wissens bereits bei der Herstellung von Betriebsmitteln in externen Unternehmen.

Betriebsmittel, die für die Diagnose auf Zellenebene von Bedeutung sind, sind die Zellenkomponenten und damit, wie in Kapitel 2.2.2 beschrieben, Maschinen, Roboter, Steuerungen, Sensoren, Werkzeuge, usw. Als eine diagnoserelevante Entstehungsphase von Wissen soll daher die Komponentenherstellung in einem externen Unternehmen bezeichnet werden. Sie umfaßt den Zeitraum von der Konstruktion einer Komponente bis zu ihrer Bereitstellung für den Kunden.

Das in dieser Phase entstehende Systemwissen beschreibt den Aufbau und die technischen Eigenschaften von Komponenten. So ist z.B. ein Roboter aus Baugruppen und Bauteilen aufgebaut. Er verfügt über Eigenschaften, wie z.B. die Genauigkeit, mit der er Werkstücke handhaben kann. Prozeßwissen aus dieser Phase umfaßt Wissen über die von Komponenten ausführbaren Prozeßvorgänge, beschrieben durch ausführbare SPS-Programme, Steuerungsbefehle, Zustände, Parameter, usw. Zusätzlich ist Wissen über das von Komponenten bearbeitbare bzw. handhabbare Werkstückspektrum zu nennen sowie Wissen über Fehlerzusammenhänge in den einzelnen Komponenten, z.B. in Form von Fehlersuchplänen. Bild 3.2 stellt das diagnoserelevante Wissen aus dieser Phase zusammenfassend dar.

	Systemwissen	Prozeßwissen	Produktwissen	Fehlerwissen
Komponenten- herstellung	Aufbau und Eigenschaften der Komponenten	ausführbare Prozeßvorgänge der Komponenten	bearbeit-/handhabbares Werkstückspektrum der Komponenten	Ursachen und Behebungs-strategien für Fehler in den Komponenten

Bild 3.2: Diagnosewissen aus der Komponentenherstellung

3.2.3 Systemplanung und Realisierung

Die Planung eines flexiblen Produktionssystems vollzieht sich in verschiedenen zeitlichen Phasen. Sie beginnt bei der Analyse und Planung des Bedarfs, gefolgt von Planungsphasen mit zunehmendem Detaillierungsgrad und endet bei der Ausführungsplanung [WIEN 86, REFA 87]. Dabei orientiert man sich zweckmäßigerweise an der Struktur des zu planenden Produktionssystems. Für die betrachtete Struktur der flexiblen Produktion (vgl. Bild 2.2) ergibt sich, abhängig von den Systemeigenschaften jeder Hierarchieebene, ein Ergebnis, das als Input für die nächste Abstraktionsstufe verwendet werden kann. Hartberger beschreibt die Planungsaufgaben auf den einzelnen Hierarchieebenen wie folgt [HART 91]:

- Auf Anlagenebene besteht das Planungsziel in der Optimierung des kapazitiven und zeitlichen Verhaltens einer Anlage, die aus miteinander verketteten Zellen besteht. Die Festlegung der Struktur der Anlage und der Parameter der einzelnen Stationen sowie die Bestimmung einer optimalen Reihenfolge für einzulastende Aufträge bilden den Schwerpunkt dieser Planungsaufgaben.

- Die Planung auf Zellenebene befaßt sich hauptsächlich mit der Umsetzung der auf Komponenten- und Steuerungsebene festgelegten Prozesse in Fertigungsabläufe und -aufbauten. Im Vordergrund steht auf dieser Ebene die Optimierung der durchzuführenden Handhabungsvorgänge und die Auslegung der notwendigen Betriebsmittel und Peripherieeinrichtungen.

- Auf der Steuerungsebene beschäftigt sich die Planung mit der Auswahl und dem Einsatz von Geräten, wie z.B einem Roboter. Hier stehen Aspekte wie die Genauigkeit, die Steifigkeit sowie der Arbeitsraum der einzusetzenden Maschine im Mittelpunkt der Betrachtung. Der Übergang der Planungsaufgaben von der Steuerungs- zur Zellenebene ist hierbei fließend.

Während der Realisierung erfolgt der Aufbau des geplanten flexiblen Produktionssystems sowie die auszuführenden Tätigkeiten und Tests, die für die Freigabe für den Produktionsbetrieb notwendig sind [HART 91].

Beim Erwerb von Wissen für die Diagnose auf Zellenebene stehen die Planungstätigkeiten auf der Zellenebene, der Steuerungsebene sowie die Tätigkeiten bei der Realisierung der Produktionszelle im Vordergrund. In diesen Bereichen entsteht Wissen, das ausreichend detailliert ist, um für die Diagnose auf Zellenebene sinnvoll genutzt werden zu können.

Diagnoserelevantes Wissen entsteht dabei durch die Auswahl von Komponenten und durch ihre sowohl materialfluß- als auch informationsflußtechnische Verkettung mit Peripherieeinrichtungen. Es beinhaltet Wissen über das System, den Prozeß, über Fehlerzusammenhänge sowie das in einer Zelle bearbeitbare Werkstückspektrum.

Wissen über das System aus der Phase der Systemplanung und Realisierung kennzeichnet die ausgewählten Zellenkomponenten und ihre Verkettung miteinander. Durch diese Verkettung entsteht, zusätzlich zum bereits vorhandenen Prozeßwissen der Komponentenhersteller, weiteres Prozeßwissen, das die möglichen Interaktionen zwischen den Komponenten beschreibt. Schließlich entsteht in dieser Phase neues Wissen über Fehler, die aus der Verkettung von Komponenten in einer Zelle resultieren können.

In der Systemplanung und Realisierung wird damit das Wissen aus dem Bereich der Komponentenherstellung um weiteres diagnoserelevantes Wissen ergänzt (vgl. Bild 3.3).

	Systemwissen	Prozeßwissen	Produktwissen	Fehlerwissen
Systemplanung, Realisierung	Auswahl und Verkettung von Komponenten in der Zelle	mögliche Interaktion der Komponenten in der Zelle	boarbeit /handhabbares Werkstückspektrum in der Zelle	Ursachen und Behebungsstrategien für Fehler in der Zelle

Bild 3.3:   Diagnosewissen aus der Systemplanung und Realisierung

3.2.4 Produktionsvorfeld

Ausgehend von einem geplanten und realisierten flexiblen Produktionssystem, wird in der hier betrachteten Phase des Produktionsvorfelds die Entstehung von diagnoserelevantem Wissen in der Arbeitsablaufplanung und der Produktkonstruktion beim Anwender des Produktionssystems analysiert.

Nach der Konstruktion eines zu fertigenden Produkts wird das für die Diagnose relevante Wissen in dieser Phase durch die Arbeitsablaufplanung erstellt. Wesentliches Ziel der Arbeitsablaufplanung ist die Umsetzung der Produktinformationen aus der Konstruktion in Produktinformationen für die Fertigung und Montage. Die Aufgabenbereiche der Arbeitsablaufplanung sind dabei [EVER 89]:

- Planungsvorbereitung,

- Stücklistenverarbeitung,

- Betriebsmittelplanung,

- Kostenplanung,

- Prüfplanung,

- Arbeitsplanerstellung und

- Programmierung.

Im Rahmen der Planungsvorbereitung werden die in der Konstruktion erstellten Zeichnungen und Stücklisten hinsichtlich einer fertigungs- und montagegerechten Ausführung überprüft und in Form von Planungsunterlagen für die Arbeitsablaufplanung zusammengestellt. Aufgabe der Stücklistenverarbeitung ist es, aus den funktional strukturierten Konstruktionsstücklisten herstellungsbezogene Stücklisten abzuleiten. Wesentliche Aufgabe der Betriebsmittelplanung ist die Konstruktion und Entwicklung eventuell notwendiger Sonderwerkzeuge und Vorrichtungen sowie die Planung ihrer An- und Zuordnung entsprechend der zu erfüllenden Aufgaben [REFA 85]. Die Kostenplanung übernimmt in der Regel die Vorkalkulation, Überwachung und die abschließende Ermittlung der bei der Produktherstellung anfallenden Kosten. Bei der Prüfplanung werden meist schriftliche Anweisungen zu Prüfvorgängen in den Arbeitsplan eingetragen [KOEP 91]. Die Arbeitsplanerstellung hat das Ziel, die logische und wirtschaftliche Reihenfolge der Bearbeitungsschritte zu planen und zu formulieren, um ein Werkstück von einem Ausgangszustand in einen vorgesehen Endzustand zu überführen [EVER 89]. Im Rahmen der Programmierung erfolgt die Erstellung der auftragsspezifischen Programme zur automatisierten Produktion.

Die Bereiche Kostenplanung und Planungsvorbereitung sind für die Diagnose auf Zellenebene nicht relevant und werden nicht berücksichtigt. Auch die Prüfplanung soll vernachlässigt werden, da sie nur für die Produktdiagnose im Rahmen der Qualitätssicherung von Bedeutung ist.

Diagnoserelevantes Wissen, das im Produktionsvorfeld entsteht, beinhaltet die geometrischen und technologischen Daten über die zu produzierenden Werkstücke aus der Produktkonstruktion und der Stücklistenverarbeitung. Zusätzlich ist das Systemwissen zu nennen, das im Rahmen der Betriebsmittelplanung durch die Integration auftragsabhängiger Komponenten, wie z.B. Spannvorrichtungen, in die Produktionszelle entsteht. Weiterhin entsteht Prozeßwissen über ausführbare Prozeßvorgänge, die durch die auftragsabhängige Modifizierung des Aufbaus der Zelle zusätzlich beeinflußt bzw. überhaupt erst möglich werden. Zusätzlich entsteht während der Ablaufprogrammierung Prozeßwissen über den Sollablauf während der Produktion eines Auftrags. Abschließend ist das in dieser Phase entstehende Fehlerwissen zu nennen, das z.B. die Ursachen für die Abweichung des Soll- vom Istverhalten erklären soll.

Das in den vorhergehenden Abschnitten beschriebene Diagnosewissen, das in externen Unternehmen in den Bereichen der Komponentenherstellung sowie der Systemplanung entsteht, wird damit im Unternehmen im Produktionsvorfeld um weiteres diagnoserelevantes Wissen ergänzt (vgl. Bild 3.4).

	Systemwissen	Prozeßwissen	Produktwissen	Fehlerwissen
Produktions-vorfeld	Integration auftragsspezifischer Komponenten in die Zelle	Interaktionen mit auftragsspezifischen Komponenten, Sollablauf /-verhalten	Solldaten über zu bearbeitende Werkstücke	Ursachen und Behebungsstrategien für auftragsabhängige Fehler

Bild 3.4:   Diagnosewissen aus dem Produktionsvorfeld

3.2.5 Produktion

Die Entstehung diagnoserelevanten Wissens während der Produktion beginnt mit der Einlastung von Aufträgen in den CAM-Bereich. Nach dem Erhalt von Aufträgen vom Produktionsplanungs- und -steuerungssystem schickt das Leitsystem Zellenaufträge an die Zellensteuerungen und veranlaßt gleichzeitig Material- und Handhabungsvorgänge für die Bereitstellung von Betriebsmitteln [KUPE 91]. Die Zellensteuerung sorgt für die Ansteuerung, die Koordination, die Synchronisation und Überwachung der Zellenkomponenten. Die Steuerungen der einzelnen Zellenkomponenten erlauben die Abarbeitung der Komponentenprogramme und übernehmen die Überwachung der komponenteninternen Vorgänge.

Auch in dieser Phase entsteht Diagnosewissen über das System, den Prozeß, das Produkt und über Fehler (vgl. Bild 3.5). Hierbei kennzeichnet das Systemwissen den zum Zeitpunkt der Produktion tatsächlich vorhandenen Aufbau und die Eigenschaften der Produktionszelle. Das Prozeßwissen beinhaltet die tatsächlich eingelasteten Auftragsdaten, wie z.B. Programmnamen und Losgröße, sowie die während der Produktion real ausgeführten Prozeßvorgänge in der Produktionszelle. Weiterhin ist das Produktwissen über die geometrischen und technologischen Daten der sich real in der Zelle befindenden Werkstücke zu nennen. Tritt in der Produktion ein Fehler auf, so entsteht

	Systemwissen	Prozeßwissen	Produktwissen	Fehlerwissen
Produktion	realer Aufbau und Eigenschaften der Zelle	real durchgeführte Prozeßvorgänge der Zelle	Istdaten über zu bearbeitende Werkstücke	real aufgetretene Fehler und erfolgte Behebungsstrategien

Bild 3.5: Diagnosewissen aus der Produktion

während der Diagnose zusätzlich Fehlerwissen. Dieses Fehlerwissen beinhaltet Wissen über die tatsächlich aufgetretenen und lokalisierten Fehler sowie die erfolgten Behebungsmaßnahmen.

Verfolgt man den Entstehungsprozeß von Diagnosewissen wie in den letzten Abschnitten beschrieben, so zeigt sich, daß dieses angefangen bei der Herstellung von Komponenten bis hin zur Produktion in verschiedenen unternehmensexternen und -internen Bereichen des Produktionsumfelds zu unterschiedlichen Zeiten entsteht. Für einen umfassenden Erwerb des Diagnosewissens, müssen alle diese Entstehungsphasen von Wissen berücksichtigt werden.

3.3 Repräsentationsformen von Wissen und Möglichkeiten zu seiner Erfassung

3.3.1 Strukturierung von Wissen gemäß seiner Repräsentation im Produktionsumfeld

Um das Diagnosewissen aus den verschiedenen Bereichen des Produktionsumfelds zu erwerben, muß es aus den unterschiedlichen Wissensquellen (vgl. Bild 3.6) erfaßt werden, bevor es den Diagnosesystemen an den Produktionszellen bereitgestellt werden kann (vgl. 2.5.2). In diesen Wissenquellen liegt das Wissen in unterschiedlichen Repräsentationsformen vor:

- gedanklich in Form von Expertenwissen,

- datentechnisch gespeichert in rechnergestützten Systeme sowie

- schriftlich und grafisch in Form von Unterlagen.

Eine nähere Beschreibung dieser Repräsentationsformen von Wissen soll in den nächsten Abschnitten erfolgen. Dabei soll deutlich gemacht werden, daß in allen Bereichen des Produktionsumfelds Diagnosewissen in den genannten Repräsentationsformen vorliegt. Es muß von dort mit unterschiedlichen Mechanismen erfaßt werden, um es den Diagnosesystemen bereitstellen zu können.

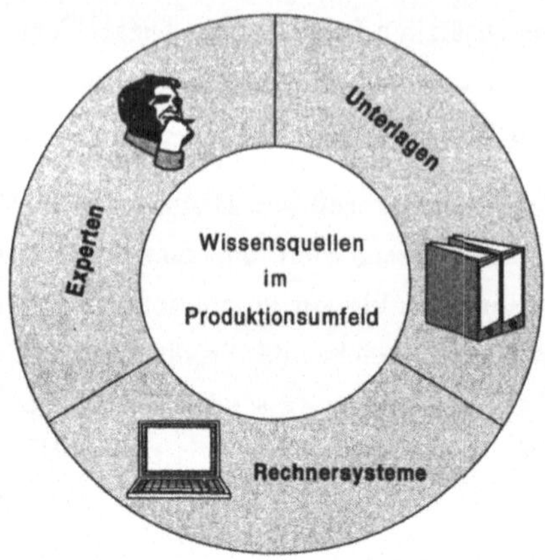

Bild 3.6:   Wissensquellen im Produktionsumfeld

3.3.2 Expertenwissen

Expertenwissen bezeichnet Wissen, das sich Fachleute als Grundlage zur Durchführung ihrer Tätigkeiten aneignen sowie solches Wissen, das diese im Rahmen ihrer Tätigkeiten neu gewinnen. Es umfaßt sowohl Oberflächenwissen, wie Heuristiken oder fachspezifisches Erfahrungswissen, als auch Tiefenwissen, z.B. allgemeine Theorien und Grundprinzipien [SPEC 89].

Abhängig davon, in welchem Bereich des Produktionsumfelds die Experten tätig sind, verfügen sie über unterschiedliches diagnoserelevantes Wissen. Während die Hersteller von Komponenten vor allem detailliertes System-, Prozeß- und Fehlerwissen über die einzelnen Komponenten verfügen, besitzen die Experten aus der Systemplanung und Realisierung Wissen über die Verkettung der Zellenkomponenten und über die zellenintern möglichen Prozeßvorgänge. Sie können daraus Wissen über Fehlerzusammenhänge ableiten. Experten im Produktionsvorfeld haben Wissen über das zu fertigende Produkt, über die Integration der auftragsabhängigen Betriebsmittel in die Produktionszelle sowie über die Sollvorgänge in der Produktionszelle. In der Produktion besitzen die Instandhalter und Bediener an der Produktionszelle Systemwissen über ihren realen Aufbau, Wissen über die tatsächlich abgelaufenen Prozeßvorgänge und, aufgrund ihrer Erfahrung, Wissen über mögliche Fehlerzusammenhänge.

Zur Erfassung dieses Wissens sind als Schnittstellen zu den verschiedenen Experten ergonomisch ausgelegte Benutzeroberflächen erforderlich, die die Umwandlung des Expertenwissens in eine durch die Diagnosesysteme verarbeitbare Form ermöglichen (vgl. 2.5.2).

3.3.3 Wissen in Datenspeichern rechnergestützter Systeme

Durch den Einsatz von rechnergestützten Systemen im Produktionsumfeld, werden Daten bzw. wird Wissen verarbeitet. Dieses Wissen wird über entsprechende Funktionen in Datenspeichern und damit in Dateien oder Datenbanken abgelegt bzw. kann dort abgelegt werden.

In Abhängigkeit vom Einsatzort dieser Systeme, liegt in jedem Bereich des Produktionsumfelds unterschiedliches Diagnosewissen in dieser Repräsentationsform vor:

- In der Komponentenherstellung wird z.B. durch die Verwendung von CAD-Systemen diagnoserelevantes Systemwissen, wie der Strukturbaum einer Konstruktion, die zugehörigen Geometriedaten sowie Konstruktionszeichnungen [NOE 91] in Dateien oder auch in Datenbankmodellen [SANF 92] abgespeichert.

- In der Systemplanung wird durch den Einsatz rechnergestützter Planungssysteme diagnoserelevantes Wissen in Datenspeichern abgelegt. Ein Beispiel hierfür ist das System zur Planung von Montagezellen COSEM [SCHU 92]. Unterstützt durch ein 3D-Simulationssystem [TAUB 90] ermöglicht es u.a. die Planung der optimalen Anordnung von Komponenten in einer Zelle sowie die Erstellung repräsentativer Zellenabläufe. Das erstellte Wissen wird in einem Datenbankmodell abgelegt. Dies umfaßt z.B. die zur Zelle gehörenden Komponenten, ihre Verkettung und ihre Ortsdaten als diagnoserelevantes Systemwissen. Zusätzlich werden die während der Simulation von Abläufen erstellten parameterisierbaren Programmodule, als diagnoserelevantes Prozeßwissen abgespeichert.

- Im Produktionsvorfeld können im Bereich der Produktkonstruktion CAD-Systeme eingesetzt werden. Im Bereich der Arbeitsablaufplanung exisitieren Systeme, die die automatisierte Übernahme der Werkstückgeometrie aus einem CAD-System erlauben, darauf aufbauend die erforderlichen NC/RC-Programme automatisch generieren, die Arbeitsplanerstellung unterstützen und das erstellte Wissen in einer Datenbank abspeichern (vgl. [MILB 90, HELD 90b]). Damit liegen sowohl die in die Produktionszelle einzulastenden Aufträge mit den zugehörigen Programmen als auch Wissen über zu bearbeitende Werkstücke als diagnoserelevantes Wissen vor.

  Mit Unterstützung von 3D-Simulationssystemen werden erstellte Ablaufvorschriften sowohl auf Zellenebene als auch auf Steuerungsebene verifiziert [RAIT 91, KOEP 90]. Durch die Protokollierung der Ablaufvorschrift sowie der Zustandsänderungen an Systemelementen liegt diagnoserelevantes Prozeßwissen in Datenspeichern vor.

- Während der Bearbeitung von Aufträgen in der Produktion kann in den Steuerungen auf Zellen- und Steuerungsebene diagnoserelevantes Wissen über die eingelasteten Auftragsdaten sowie über die tatsächlich erfolgten Prozeßvorgänge und -zustände in der Zelle protokolliert und in Datenspeichern abgelegt werden.

Schnittstellen zu diesen Datenspeichern erlauben die Erfassung und Bereitstellung dieses Wissens in eine durch die Diagnosesysteme verarbeitbare Form (vgl. [FAUP 92, NOE 91]).

3.3.4 Wissen in Form von Unterlagen

Diagnoserelevantes Wissen in Form von Unterlagen läßt sich unterteilen in Wissen in schriftlicher Form, wie z.B. Strukturstücklisten, sowie in grafischer Form, wie z.B. Schaltpläne (vgl. [FÄHN 90]).

Wissen in dieser Form liegt ebenfalls in jedem Bereich des Produktionsumfelds vor. Wissen der Komponentenhersteller wird in Form von Handbüchern, Stücklisten, Konstruktionsplänen, Fehlerbäumen usw. dokumentiert. Wissen aus der Planung und Realisierung ist in Form des Zellenlayouts, in Verdrahtungsplänen, Kollisionsplänen usw. abgelegt. Wissen aus der Produktkonstruktion und der Arbeitsablaufplanung im Produktionsvorfeld ist in Konstruktionsplänen, in Arbeitsplänen, in Unterlagen aus der Stücklistenverarbeitung usw. dokumentiert. In der Produktion wird Diagnosewissen z.B. in Form von Instandhaltungsberichten gespeichert.

Eine direkte Erfassung dieses Wissens in eine durch ein Diagnosesystem verarbeitbare Form ist nicht möglich. Es muß zuvor entweder von einem Experten aufgenommen werden, bevor es über entsprechende Benutzeroberflächen den Diagnosesystemen zur Verfügung gestellt werden kann, oder es muß gescannt werden. Es liegt dann in Form von Dateien vor und kann somit in die Modellstrukturen der Diagnosesysteme abgebildet werden (vgl. Bild 3.7).

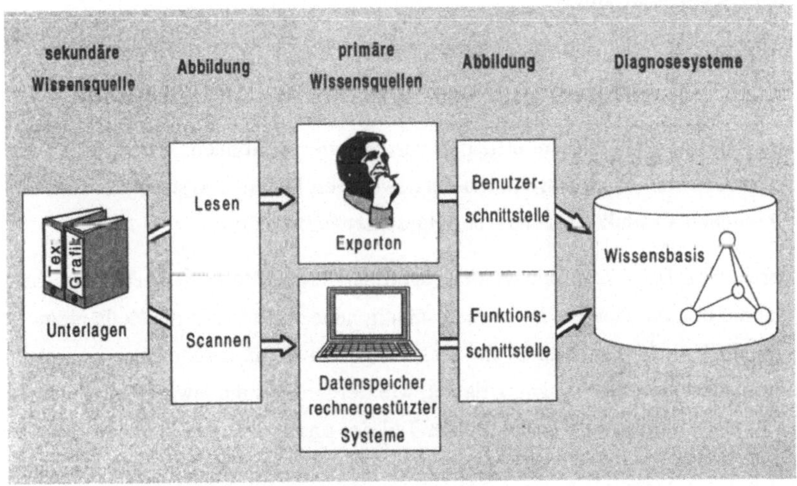

Bild 3.7: Erwerb von Wissen aus Unterlagen

3.3.5 Fazit

Die durchgeführten Untersuchungen in Kapitel 3.2 und 3.3 haben gezeigt, daß diagnoserelevantes Wissen zu unterschiedlichen Zeiten in verschiedenen Bereichen sowohl unternehmensextern als auch -intern entsteht. Es muß von dort aus unterschiedlichen Repräsentationsformen erfaßt werden.

Es kann jedoch weder allgemein definiert werden, welche rechnergestützten Systeme im Umfeld eines beliebigen Unternehmens eingesetzt werden, noch wie sie aufgebaut sind. Daher ist nicht bekannt, welches Wissen sie konkret zur Verfügung stellen und welche Zugriffsmöglichkeiten auf das Wissen bestehen. Ebenso ist weder bekannt, welche Unterlagen in einem Unternehmen verfügbar sind, welches Wissen darin abgelegt ist noch wie es strukturiert ist. Schließlich läßt sich nicht eindeutig vorhersagen, wie hoch die Kompetenz der einzelnen Experten im jeweiligen Unternehmen für die effiziente Bereitstellung des diagnoserelevanten Wissens ist.

Ein starrer Weg, der vorgibt, an welchem Ort und Zeitpunkt welches Wissen auf welche Weise mit minimalem Aufwand erfaßt werden kann, läßt sich daher nicht festlegen.

3.4 Bereitstellung von Wissen für die Diagnose

Um das erfaßte Wissen effizient verarbeiten zu können, muß es in den systeminternen Modellstrukturen der jeweiligen Diagnosesysteme an den verschiedenen Produktionszellen bereitgestellt werden.

Dabei muß berücksichtigt werden, daß das Diagnosewissen einem zeitlichen Wandel unterworfen ist. Es werden ständig neue Aufträge in die Zelle eingelastet, Zellen werden umgeplant. Das Diagnosewissen muß daher wiederholt aktualisiert werden. Abhängig davon, wie tiefgreifend die jeweiligen Änderungen sind, muß jedoch nur ein kleiner Teil des umfangreichen Diagnosewissens neu erworben werden. Ein Großteil kann als statisch betrachtet werden, behält weiterhin seine Gültigkeit und ist daher grundsätzlich wiederverwertbar.

Diesen Sachverhalt verdeutlicht Bild 3.8, in dem beispielhaft Wissensbereiche dargestellt sind, die zu verschiedenen Zeitpunkten für die Diagnose in einer Produktionszelle von Bedeutung sind. Wird zum Zeitpunkt t_2 z.B. ein neuer Auftrag in die Produktionszelle eingelastet, so ist das auftragsabhängige Wissen aus dem Produktionsvorfeld über den alten Auftrag vom Zeitpunkt t_1 nicht mehr von Bedeutung. Wissen, das den Grundaufbau der Zelle und ihrer Komponenten beschreibt, bleibt jedoch zum Zeitpunkt t_2 gültig und kann daher

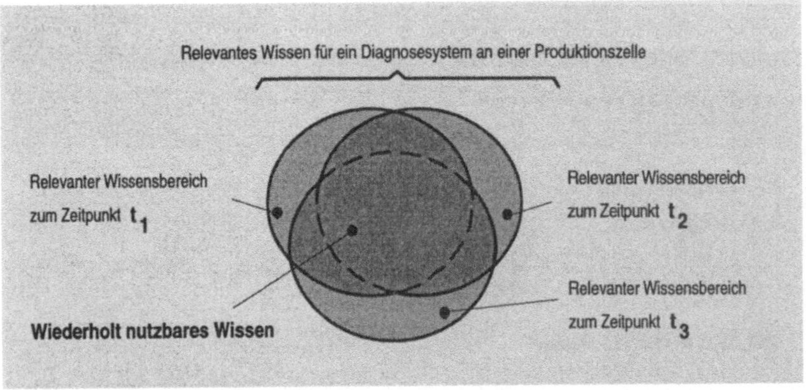

Bild 3.8: Wiederholte Nutzung einmal bereitgestellten Wissens zu unterschiedlichen Zeiten

wiederverwendet werden. Dieses wiederholt nutzbare Wissen ist als Schnittmenge der Wissensbereiche zum Zeitpunkt t_1 und t_2 in Bild 3.8 dargestellt. Wird zum Zeitpunkt t_3 ein neuer Auftrag eingelastet, muß das entsprechende auftragsabhängige Wissen neu erworben werden. Es ist jedoch möglich, daß Teilbereiche von Wissen, die zum Zeitpunkt t_1 aktuell waren jetzt wieder, und daß Teilbereiche von Wissen, die zum Zeitpunkt t_2 aktuell waren, noch immer diagnoserelevant sind und daher wiederholt genutzt werden können.

Neben dem zeitlichen Wandel des Diagnosewissens muß zusätzlich berücksichtigt werden, daß der Vorgang des Wissenserwerbs für jedes Diagnosesystem an den verschiedenen Produktionszellen durchgeführt werden muß. Abhängig davon wie die einzelnen Produktionszellen aufgebaut sind, wird von den jeweiligen Diagnosesystemen teilweise dasselbe Wissen benötigt. So wird z.B. Wissen, das einen Werkzeugmaschinentyp beschreibt, der in verschiedenen Produktionszellen eingesetzt wird, von mehreren Diagnosesystemen gebraucht. Es besteht daher grundsätzlich die Möglichkeit der mehrfachen Nutzung einmal bereitgestellten Wissens an verschiedenen Produktionszellen (vgl. Bild 3.9).

Ebenso wie die Diagnose Wissen aus ihrem Umfeld benötigt und auf die Möglichkeit zu einer effizienten Erfassung und Bereitstellung dieses Wissens angewiesen ist, brauchen andere Anwendungen im Produktionsumfeld Wissen,

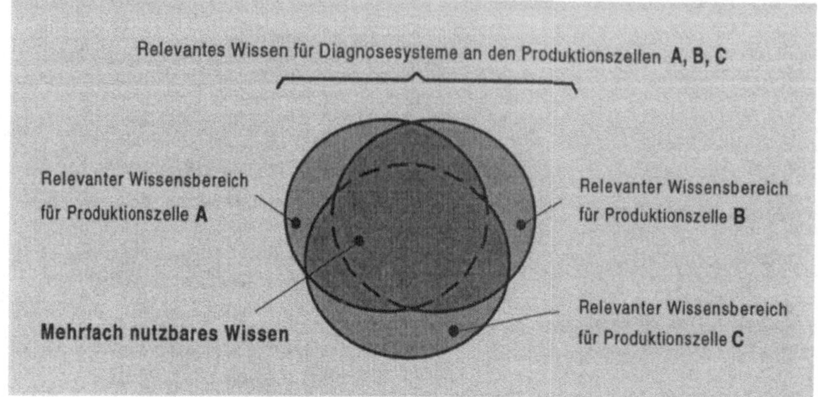

Bild 3.9: Mehrfache Nutzung einmal bereitgestellten Wissens an verschiedenen Produktionszellen

unter anderem aktuelles Diagnosewissen, in einer effizient zugreifbaren Form. So ist z.B. Wissen über aufgetretene Fehler und die dadurch beeinflußte Verfügbarkeit der Zelle und ihrer Komponenten für Bereiche wie die Konstruktion, die Zellen- und die Arbeitsablaufplanung von Bedeutung. Basierend auf diesem Wissen können Anwendungen in diesen Bereichen technische oder organisatorische Maßnahmen (z.B. konstruktive Verbesserungen, Umplanen) einleiten, die ein erneutes Auftreten der Fehler verhindern.

3.5 Anforderungen zur Aufwandsminimierung

3.5.1 Übersicht

Um das diagnoserelevante Wissen umfassend und mit minimiertem Aufwand zu erwerben, muß es möglichst effizient aus den Wissensquellen des Produktionsumfelds erfaßt und in einer Form bereitgestellt werden, die seine möglichst effiziente Nutzung durch die Diagnosesysteme an den verschiedenen Produktionszellen erlaubt. Anforderungen an die Erfassung und Bereitstellung von Diagnosewissen sollen im folgenden aufgezeigt werden.

3.5.2 Anforderungen an die Erfassung von Wissen

Voraussetzung für eine effiziente Erfassung von Diagnosewissen ist die Berücksichtigung sämtlicher Wissensquellen in allen Entstehungsphasen (vgl. Bild 3.10). Nur so kann sichergestellt werden, daß eine wiederholte Neuerstellung von Wissen speziell für die Diagnose vermieden werden kann und vor allem diejenigen Wissensquellen ausgewählt werden können, die die Erfassung von Diagnosewissen mit dem geringsten Aufwand ermöglichen.

Es werden Mechanismen benötigt, die den Vorgang der Erfassung des gesamten Diagnosewissens mittels geeigneter Schnittstellen aus den Wissensquellen des Umfelds und damit aus Datenspeichern rechnergestützter Systeme, aus Unterlagen sowie von Experten effizient erlauben.

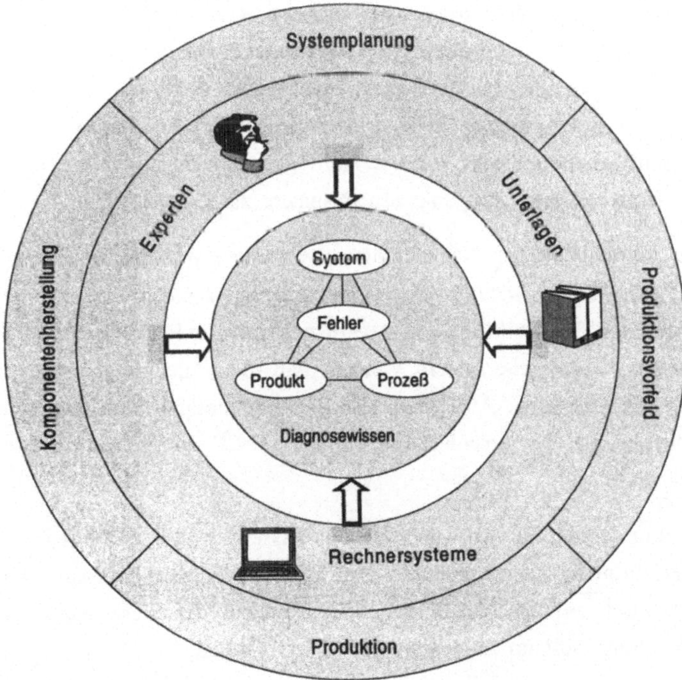

Bild 3.10: Berücksichtigung sämtlicher Wissensquellen im Produktionsumfeld als Voraussetzung zur Aufwandsminimierung

3.5.3 Anforderungen an die Bereitstellung von Wissen

Für die Minimierung des Aufwands beim Wissenserwerb ist die effiziente
Erfassung von Diagnosewissen alleine nicht ausreichend. Zugleich muß eine
wiederholte Erfassung desselben Wissens aus dem Umfeld vermieden werden,
d.h. einmal erfaßtes Wissen muß in einer Form bereitgestellt werden, die seine
wiederholte Nutzung

- zu verschiedenen Zeiten sowie

- an unterschiedlichen Orten erlaubt.

Die wiederholte Nutzung von Wissen zu verschiedenen Zeiten ist von Bedeutung, da das Diagnosewissen wiederholt aktualisiert werden muß. Voraussetzung ist jedoch, daß zum einen durch die Form der Bereitstellung des Diagnosewissens klar vorgegeben wird, welches bereits vorhandene Wissen bei
Änderungen weiterhin berücksichtigt werden muß, welches Wissen keine Gültigkeit mehr hat und welches neu zu erfassen ist. Zum anderen muß einmal
erfaßtes diagnoserelevantes Wissen über einzelne Zellenkomponenten, ganze
Zellenkonfigurationen oder einzelne Aufträge gespeichert werden können, um
es zu einem späteren Zeitpunkt erneut nutzen zu können.

Neben der wiederholten Nutzung einmal erstellten Wissens zu unterschiedlichen Zeiten muß zusätzlich die Möglichkeit einer mehrfachen Nutzung an
verschiedenen Orten berücksichtigt werden. Durch die Form der Bereitstellung
von Wissen muß sichergestellt werden, daß diese mehrfache Nutzung von
Wissen erfolgen kann. Außerdem soll die Bereitstellung von aktuellem Diagnosewissen für die verschiedenen Bereiche des Produktionsumfelds ermöglicht werden.

Eine Minimierung des Aufwands für den Wissenserwerb erfordert sowohl die
Berücksichtigung der erarbeiteten Anforderungen an die Erfassung als auch
an die Bereitstellung von Wissen. Ein Konzept, das diese Anforderungen
berücksichtigt, soll im folgenden entwickelt werden.

4 Konzept zur Aufwandsminimierung beim Wissenserwerb für die Diagnose auf Zellenebene

4.1 Übersicht

In diesem Kapitel wird ein Konzept entwickelt, dessen übergeordnetes Ziel die Minimierung des Aufwands beim Wissenserwerb für die Diagnose in Produktionszellen darstellt.

Hierfür wird in einem ersten Schritt, basierend auf dem gestellten Anforderungsprofil, ein Ansatz zur Minimierung des Aufwands für den Wissenserwerb erarbeitet. Als Ergebnis dieses Ansatzes wird in einem zweiten Schritt die Konzeption eines Wissenserwerbssystems vorgestellt. Dieses System soll als Bindeglied zwischen den Diagnosesystemen an den flexiblen Produktionszellen und den Wissensquellen im Produktionsumfeld sowohl den effizienten Erwerb von Diagnosewissen als auch im Rahmen des Rückflusses von Wissen die Bereitstellung von aktuellem Diagnosewissen für das Produktionsumfeld ermöglichen.

4.2 Grundlegender Ansatz zur Aufwandsminimierung beim Wissenserwerb

4.2.1 Erfassung von Wissen

Um sicherzustellen, daß genau diejenigen Wissensquellen genutzt werden können, die die Erfassung von Wissen mit dem geringsten Aufwand erlauben, müssen sämtliche Wissensquellen des Produktionsumfelds berücksichtigt werden (vgl. 3.5.2). Damit die Erfassung effizient durchgeführt werden kann, werden unabhängig davon, ob das Diagnosewissen extern beim Anbieter oder intern beim Anwender einer Produktionszelle vorliegt, Schnittstellen benötigt, die möglichst gut an die jeweiligen Wissensquellen im Unternehmen angepaßt sind und nicht umgekehrt eine aufwendige Anpassung der Wissensquellen an die Schnittstellen erfordern.

Diese Anpassung soll durch die nachfolgend beschriebenen Ansätze zur Erfassung von Wissen aus den verschiedenen Wissensquellen Experten, rechnergestützte Systeme und Unterlagen erreicht werden.

Erfassung von Expertenwissen

Bei der Erfassung von Expertenwissen mittels einer Schnittstelle muß berücksichtigt werden, daß die Experten aus den verschiedenen Bereichen des Produktionsumfelds jeweils unterschiedliches Diagnosewissen besitzen (vgl. 3.3.2). Sie dürfen daher nur zur Eingabe von Wissen aufgefordert werden, das in ihrem Bereich verfügbar ist. Nur so kann Effizienz sowie Akzeptanz für die manuellen Eingabe von Wissen erreicht werden.

Weiterhin muß beachtet werden, wie das Wissen bei den einzelnen Experten des Umfelds vorliegt. So dürfen keine Kenntnisse über Repräsentationsformen von Wissen oder Schlußfolgerungsverfahren in Diagnosesystemen vorausgesetzt werden. Die Experten müssen vielmehr bei der Eingabe von Wissen in einer Weise angeleitet werden, die ihrer Vorstellungswelt nahekommt.

Schließlich ist der Entstehungszeitpunkt von Diagnosewissen zu beachten. Es müssen Möglichkeiten geschaffen werden, durch die Experten ihr Wissen genau dann zur Verfügung stellen können, wenn sie es bei der Durchführung ihrer Tätigkeiten erstellen. So sollen z.B. die Experten in der Systemplanung zu dem Zeitpunkt Wissen über den Aufbau der Zelle, die möglichen Prozeßvorgänge und daraus entstehende mögliche Fehler eingeben können, zu dem sie eine Zelle planen. Experten aus der Arbeitsablaufplanung sollen die Möglichkeit erhalten, genau dann Wissen über in die Zelle zu integrierende Betriebsmittel, den Sollablauf und daraus resultierende mögliche Fehler einzugeben, wenn sie dieses Wissen im Laufe ihrer Tätigkeiten erstellen. Nur so kann ein wiederholtes Eindenken in Problembereiche und damit die Durchführung redundanter Vorgänge vermieden werden.

Es werden daher Schnittstellen benötigt, die berücksichtigen, welches Wissen bei den Experten vorliegt und vor allem wann es dort vorliegt. Hierfür ist der bislang bestehende zentrale Ansatz, bei dem die grafischen Benutzerschnittstellen integraler Bestandteil der Diagnosesysteme sind (vgl. 2.5.2), nicht geeignet. Besser ist ein dezentraler Ansatz, bei dem die Benutzerschnittstellen verteilt, den jeweiligen Experten vor Ort bereitgestellt werden (vgl. Bild 4.1).

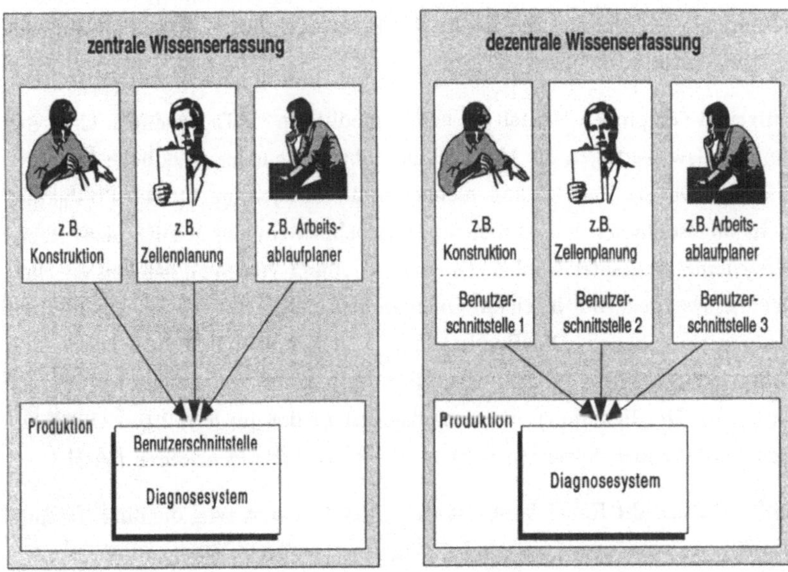

Bild 4.1:   Zentrale/dezentrale Erfassung von Wissen

Erst dadurch kann die Eingabe von Wissen genau dann erfolgen, wenn der Experte bei der Durchführung seiner Tätigkeiten diagnoserelevantes Wissen erstellt. Durch die Entwicklung verschiedener bereichsspezifischer Benutzerschnittstellen wird zusätzlich die Berücksichtigung der unterschiedlichen Wissensgebiete der jeweiligen Experten möglich. Ein entsprechender Aufbau der verschiedenen Benutzerschnittstellen muß gewährleisten, daß die Experten bei der Eingabe von Wissen in einer Weise geführt werden, die ihrer Vorstellungswelt nahekommt.

Konzept zur Aufwandsminimierung beim Wissenserwerb für die Diagnose auf Zellenebene

Erfassung von Wissen aus Datenspeichern rechnergestützter Systeme

Die Erfassung von Wissen aus Datenspeichern rechnergestützter Systeme im Produktionsumfeld setzt die Bereitstellung entsprechender Schnittstellen zu diesen Systemen voraus. Zusätzlich wird eine weitere Schnittstelle benötigt, über die der Anwender den Vorgang der Erfassung von Wissen zum erforderlichen Zeitpunkt starten kann. So soll z.B. ein Arbeitsablaufplaner direkt nach der Erstellung und Simulation eines Zellenablaufs den Vorgang der Protokollierung dieses Ablaufs und damit die Erfassung dieses diagnoserelevanten Wissens auslösen können.

Aufgrund der großen Vielfalt an unterschiedlichen CAD-Systemen, CAP-Systemen, usw. verfügen die Unternehmen über sehr unterschiedliche Rechnersysteme. Da die Entwicklung rechnergestützter Systeme für die Produktion nicht abgeschlossen ist, werden in Unternehmen immer wieder neue Rechnersysteme eingesetzt werden. Die Bereitstellung von Schnittstellen zu allen Rechnersystemen, die in einem Unternehmen eingesetzt werden könnten, ist daher nicht möglich. Die Bereitstellung von Schnittstellen zu ausgesuchten Rechnersystemen im Produktionsumfeld stellt keine umfassende Lösung dar (vgl. 2.6). Die Erstellung von Schnittstellen zu den im jeweiligen Unternehmen existierenden Systemen wird in der Regel vor Ort erfolgen müssen.

Ziel soll daher die Entwicklung formaler Mechanismen sein, die die Erfassung von Wissen aus Datenspeichern beliebiger rechnergestützter Systeme jederzeit erlauben und effizient unterstützen. Nur so ist eine effiziente Nutzung dieser Art von Wissensquelle möglich.

Erfassung von Wissen aus Unterlagen

Wissen, das ausschließlich in Form von Unterlagen vorliegt, kann nicht direkt erfaßt werden. Es muß als sekundäre Wissensquelle entweder, wie in Kapitel 3.3.4 gezeigt, durch einen Experten gelesen oder aber gescannt und dadurch in eine durch Rechner verarbeitbare Form gebracht werden. Es liegt dadurch in Form einer der beiden primären Wissensquellen vor und kann anschließend wie oben beschrieben erfaßt werden.

4.2.2 Bereitstellung von Diagnosewissen

Um den gestellten Anforderungen an die Bereitstellung von Wissen zu entsprechen (vgl. 3.5.3), soll ein Diagnosemodell entwickelt werden, dessen Modellstrukturen die Speicherung sowie die wiederholte Nutzung einmal erfaßten Wissens zu unterschiedlichen Zeiten und an verschiedenen Orten erlauben. Im Rahmen des Rückflusses von Wissen soll es die Bereitstellung von aktuellem Diagnosewissen für das Produktionsumfeld ermöglichen. Dieses Diagnosemodell soll in einem externen Datenspeicher, der den Diagnosesystemen vorgelagert ist, bereitgestellt werden (vgl. Bild 4.2). Mittels entsprechender Schnittstellen zu diesem Datenspeicher:

- kann dadurch jedes einzelne Diagnosesystem das zum jeweiligen Zeitpunkt benötigte Wissen aus dem externen Datenspeicher in die systeminternen Modellstrukturen seiner Wissensbasis laden.

- können alle Diagnosesysteme an den verschiedenen Produktionszellen gleichzeitig gemeinsames Wissen an unterschiedlichen Orten nutzen, indem jedes Diagnosesystem sein benötigtes Wissen aus dem Diagnosemodell in die systeminternen Modellstrukturen seiner Wissensbasis abbildet.

- kann insbesondere neues Wissen über Fehlerzusammenhänge im Rahmen des Rückflusses von Wissen in das Diagnosemodell abgebildet werden. Es

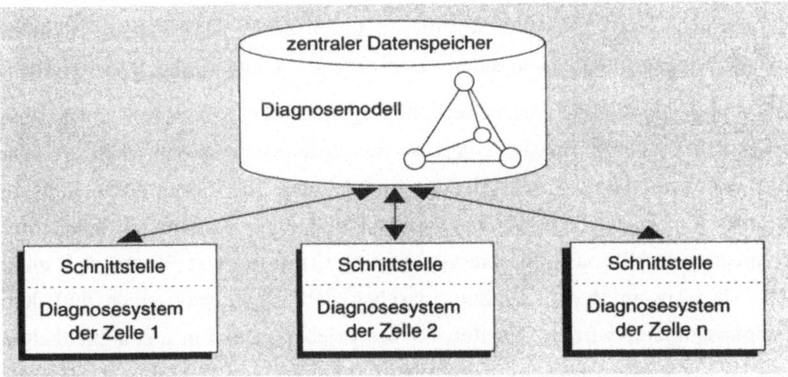

Bild 4.2: Zentrale Bereitstellung von Wissen in geeigneten Modellstrukturen

soll dann anderen Bereichen des Produktionsumfelds über entsprechende Schnittstellen zu diesem Datenspeicher bereitgestellt werden.

4.2.3 Fazit

Für eine Minimierung des Aufwands beim Wissenserwerb ist es erforderlich, sowohl die Erfassung als auch die Bereitstellung von Wissen von den einzelnen Diagnosesystemen zu entkoppeln.

Der Wissenserwerb für die Diagnose auf Zellenebene soll daher nicht, wie bislang üblich, lediglich eine den einzelnen wissensbasierten Diagnosesystemen zugeordnete Systemkomponente sein (vgl. Bild 2.9), sondern soll als eigenständiges System den effizienten Erwerb des Diagnosewissens erlauben. Um eine Minimierung des Aufwands beim Wissenserwerb für die Diagnose zu gewährleisten, soll dieses System (vgl. Bild 4.3):

- eine effiziente Erfassung von Wissen aus den verschiedenen Wissensquellen beim Anbieter und beim Anwender von Produktionszellen mittels formalen, dezentral verteilten Schnittstellen ermöglichen.

- eine wiederholte Nutzung einmal erfaßten Wissens zu unterschiedlichen Zeiten an unterschiedlichen Orten ermöglichen. Zugleich soll es den Rückfluß von während der Diagnose entstandenem aktuellem Wissen erlauben, um dieses den Anwendungen im Produktionsumfeld bereitstellen zu können. Das Diagnosewissen soll hierfür in entsprechenden Modellstrukturen des Diagnosemodells in einen externen Datenspeicher abgebildet werden.

Basierend auf diesem Ansatz soll im folgenden die Konzeption eines Wissenserwerbssystems für die Diagnose auf Zellenebene beschrieben werden. Ein Schwerpunkt liegt dabei in der Entwicklung eines Diagnosemodells in Kapitel 4.3. Einen weiteren Schwerpunkt bilden die zu entwickelnden Mechanismen zur formalen, dezentral verteilten Erfassung von Wissen in Kapitel 4.4. Der Austausch von Wissen zwischen den Diagnosesystemen und dem Diagnosemodell wird in Kapitel 4.5 beschrieben. Die Einsatzmöglichkeiten des Wissenserwerbssystems sowohl beim Anbieter von Produktionszellen als auch beim Anwender werden in Kapitel 4.6 dargelegt.

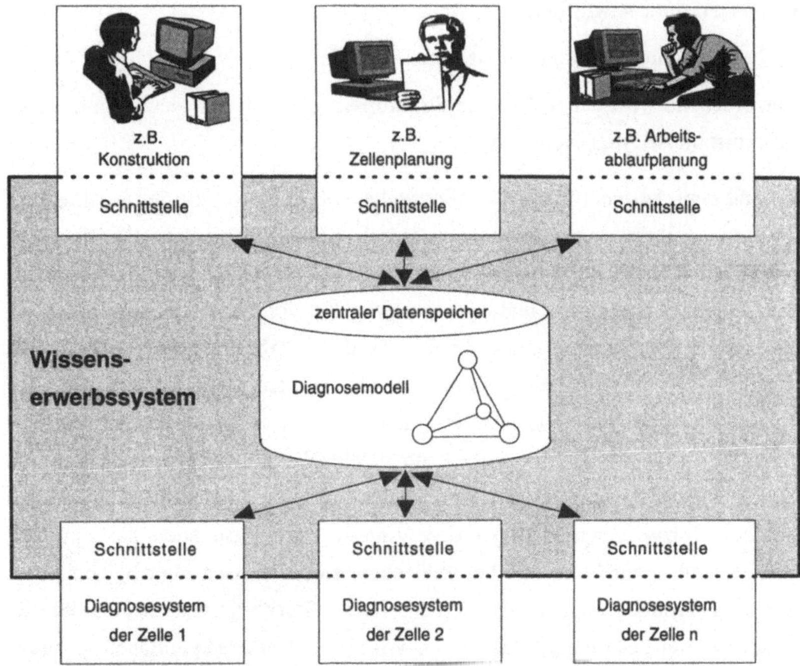

Bild 4.3: *Ein Wissenserwerbssystem zur Minimierung des Aufwands beim Wissenserwerb*

4.3 Aufbau des Diagnosemodells

4.3.1 Globale Modellstruktur

Als Basis für die Entwicklung einer Modellstruktur wird das diagnoserelevante Wissen nach Aspekten strukturiert, die zur Erfüllung der gestellten Anforderungen an die Bereitstellung von Wissen geeignet sind.

Für einen umfassenden Erwerb des Diagnosewissens muß, wie in Kapitel 2.5.1 gezeigt, Wissen über:

- das System,
- den Prozeß,

- das Produkt sowie über

- Fehlerzusammenhänge bereitgestellt werden.

Entsprechend wird daher die erste Strukturierung von Diagnosewissen in diese Strukturobjekte vorgenommen.

Gemäß dem Aufbau einer Produktionszelle, soll diese Strukturierung in einem zweiten Strukturierungsschritt hierarchisch gegliedert werden. Für die Diagnose auf Zellenebene unterteilt sich daher das Systemwissen in Wissen für die Zellen-, Steuerungs- und für die Aktor-/Sensorebene. Diagnoserelevante Prozeßvorgänge können unterschieden werden in Vorgänge auf Zellenebene, festgelegt durch die Zellenablaufvorschrift, Vorgänge auf Steuerungsebene, bestimmt durch NC- oder RC-Programme, bis hin zu Vorgängen auf der Aktor/Sensorebene. Das Produkt kann in einzelne Baugruppen und Bauteile zerlegt werden bis hin zu den Werkstücken, die von einer Zellenkomponente bearbeitet bzw. gehandhabt werden. Analog dazu kann auch das explizite Fehlerwissen gemäß diesen Hierarchieebenen dem Wissen über System, Prozeß und Produkt zugeordnet werden. Diese Sturkturierung ermöglicht die Beschreibung des diagnoserelevanten Wissens auf unterschiedlichen Abstraktionsebenen.

Damit wird die erste Strukturierung des Diagnosewissens in verschiedene Strukturobjekte um eine zweite erweitert, wie in Bild 4.4 dargestellt. Durch die Verwendung dieser Strukturierung als Grundgerüst einer Modellstruktur kann das Diagnosewissen umfassend bereitgestellt werden.

Zusätzlich muß jedoch die Anforderung berücksichtigt werden, die wiederholte Erfassung und Bereitstellung von Wissen zu vermeiden (vgl. 3.5.3). Deshalb sollen durch einen dritten Strukturierungsschritt modulare Wissensbereiche gebildet werden, durch die ermöglicht wird, daß einmal erfaßtes und bereitgestelltes Wissen zu verschiedenen Zeiten wiederholt (vgl. Bild 3.8) sowie durch Diagnosesysteme in unterschiedlichen Produktionszellen (vgl. Bild 3.9) mehrfach genutzt werden kann.

Das Diagnosewissen wird hierfür in einem dritten Strukturierungsschritt in Wissensbereiche unterteilt, die zwischen:

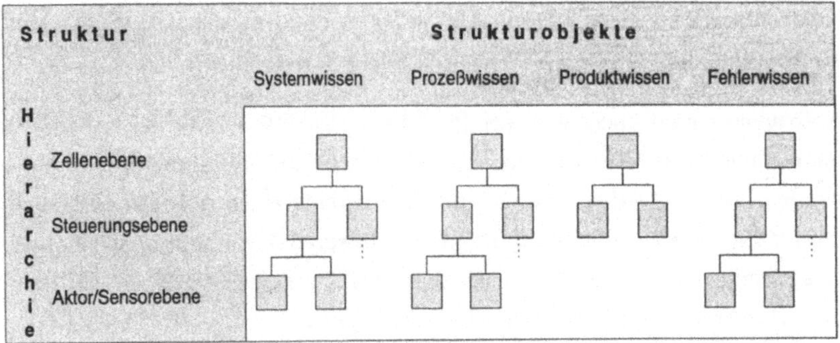

Bild 4.4:   Hierarchische Strukturierung von Wissen in diagnoserelevante
Strukturobjekte

- konfigurationsunabhängigem Wissen,

- konfigurationsabhängigem Wissen,

- auftragsabhängigem Sollwissen sowie

- auftragsabhängigem Istwissen unterscheiden.

Konfigurationsunabhängiges Wissen beschreibt Diagnosewissen über Komponenten, das unabhängig davon Gültigkeit besitzt, in welcher speziellen Zelle diese eingesetzt werden bzw. welcher Auftrag durch diese Komponente bearbeitet werden soll. Es umfaßt daher das Wissen der Hersteller von Werkzeugmaschinen, Lastständen usw. und beinhaltet die Beschreibung des Aufbaus und der Eigenschaften der Komponenten, ihrer ausführbaren Prozeßvorgänge, des von ihnen bearbeitbaren Produktspektrums sowie des Wissens über Fehlerzusammenhänge in den Komponenten.

Dieses Wissen wird während der Planung und der Realisierung beim externen Anbieter eines Produktionssystems, abhängig von der Auswahl der Komponenten in einen konfigurationsabhängigen Kontext gesetzt und dadurch um weiteres diagnoserelevantes Wissen ergänzt. Dabei handelt es sich z.B. um Systemwissen über die Verkettung der Komponenten, um Prozeßwissen über das aus dieser Verkettung resultierende erweiterte Verhalten der einzelnen Komponenten sowie um Wissen über das von dieser Zelle bearbeitbare bzw.

handhabbare Werkstückspektrum. Das in dieser Phase entstehende Wissen soll
als konfigurationsabhängiges Wissen bezeichnet werden.

Aufbauend darauf entsteht in der Produktkonstruktion und in der Arbeitsablaufplanung beim Anwender der Produktionszelle das auftragsabhängige Sollwissen. Dieses beschreibt das für die Abarbeitung eines Auftrags zusätzlich
notwendige Wissen. Hierzu gehört z.B. die Integration der auftragsabhängigen
Betriebsmittel in die Zelle, die aktuellen Werkstückdaten sowie die vollstän-
dige Beschreibung der geplanten Prozeßvorgänge.

Im Gegensatz dazu umfaßt das auftragsabhängige Istwissen z.B. die aktuellen
Prozeßabläufe in der Produktionszelle des Anwenders, die aktuellen Bearbei-
tungszustände des Werkstücks sowie die real aufgetretenen Fehler in der Zelle
während der Produktion.

Die um diesen dritten Aspekt erweiterte Strukturierung des diagnoserelevanten
Wissens in unterschiedliche zeitliche Phasen und Bereiche zeigt Bild 4.5.
Diese Strukturierung bildet das Grundgerüst der globalen Modellstruktur zur
Speicherung des Diagnosewissens. Sie ist, wie in den folgenden Abschnitten
aufgezeigt werden wird, die Voraussetzung für die wiederholte Nutzung von
Wissen durch Diagnosesysteme zu unterschiedlichen Zeiten und an verschie-

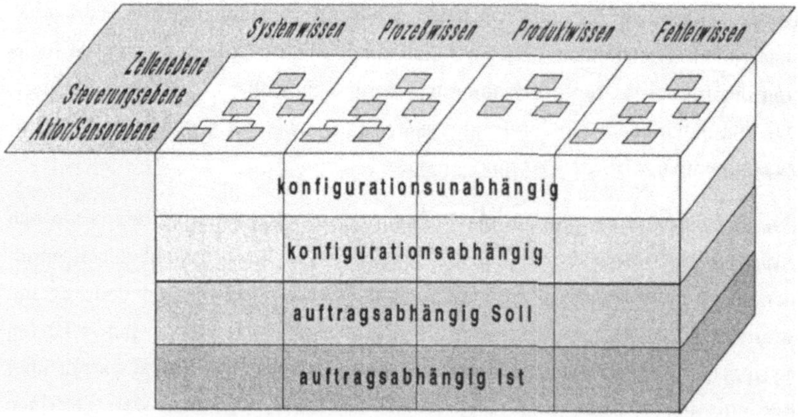

*Bild 4.5: Erweiterte Strukturierung diagnoserelevanten Wissens als
Grundgerüst der globalen Modellstruktur*

denen Orten sowie für den Rückfluß von aktuellem Diagnosewissen in das Produktionsumfeld gemäß den gestellten Anforderungen an die effiziente Bereitstellung von Wissen (vgl. 3.5.2).

Basierend auf der Strukturierung von Wissen in modulare Wissensbereiche, werden in den folgenden Abschnitten Teilmodelle beschrieben, die miteinander vernetzt das Diagnosemodell bilden. Zu unterscheiden ist dabei das konfigurationsunabhängige und das konfigurationsabhängige Teilmodell, das Teilmodell zur Speicherung auftragsabhängigen Sollwissens sowie das Teilmodell zur Speicherung des auftragsabhängigen Istwissens. Jedes dieser Teilmodelle besteht wiederum aus hierarchisch strukturierten Modellbereichen zur Speicherung von diagnoserelevantem Wissen über das System, den Prozeß, das Produkt sowie über das zugehörige Fehlerwissen (vgl. Bild 4.5).

4.3.2 Teilmodell für konfigurationsunabhängiges Wissen

Dieses Teilmodell umfaßt die Strukturen zur Abbildung von konfigurationsunabhängigem Diagnosewissen (vgl. Bild 4.6). Hierzu gehört sowohl das Herstellerwissen von gekauften Komponenten als auch von Komponenten, die erst intern im Unternehmen hergestellt worden sind. Denn diese Komponenten können grundsätzlich in beliebigen Produktionszellen eingesetzt werden, unabhängig davon wann und wo sie hergestellt worden sind. Dieses Teilmodell kann somit als eine Komponentenbibliothek betrachtet werden.

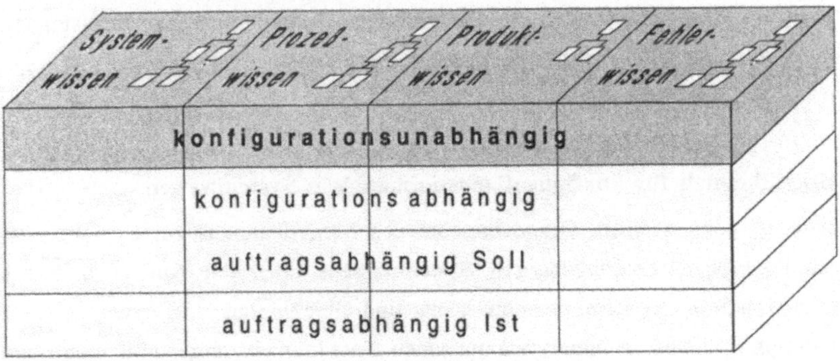

Bild 4.6:   Teilbereich konfigurationsunabhängiges Wissen

Konzept zur Aufwandsminimierung beim Wissenserwerb für die Diagnose auf Zellenebene

Das im Teilmodell abgebildete Wissen über Komponenten steht jenen Diagnosesystemen an Produktionszellen zur Verfügung, in denen der jeweilige Komponententyp eingesetzt wird. Es erlaubt dadurch die mehrfache Nutzung einmal bereitgestellten Wissens von Diagnosesystemen an verschiedenen Produktionszellen.

Wird eine Zelle umgeplant oder ein neuer Auftrag eingelastet, so kann das Wissen aus dem konfigurationsunabhängigem Teilmodell als statisch betrachtet werden. Es besitzt weiterhin Gültigkeit und kann zur Abbildung in die sy-steminternen Modelle der einzelnen Diagnosesysteme wiederholt verwendet werden. Zusätzlich kann Wissen über die Komponenten gespeichert bleiben, auch wenn diese für einen gewissen Zeitraum nicht in einer Produktionszelle eines Unternehmens eingesetzt werden sollen. Dieses Teilmodell erlaubt dadurch die wiederholte Nutzung einmal bereitgestellten Wissens zu verschiedenen Zeiten.

Um das konfigurationsunabhängige Diagnosewissen umfassend in das Teilmodell abbilden zu können, besteht es aus miteinander vernetzten Modellbereichen zur hierarchischen Speicherung des Wissens über das System, den Prozeß- sowie des expliziten Fehlerwissens. Von der Erstellung eines eigenen Modellbereichs, der die Speicherung von Wissen über das bearbeitbare bzw. handhabbare Produktspektrum erlaubt, soll abgesehen werden, da dieses Wissen bereits durch die Beschreibung der Eigenschaften von Komponenten im Systemmodell berücksichtigt ist. So bestimmen z.B. die möglichen Verfahrwege im Bearbeitungszentrum die zulässigen geometrischen Abmessungen eines Werkstücks, die maximale Traglast eines Roboters begrenzt das zulässige Gewicht eines Werkstücks.

Modellbereich für konfigurationsunabhängiges Systemwissen

Bild 4.7 zeigt zentrale Grundelemente des Modellbereichs zur Speicherung des konfigurationsunabhängigen Systemwissens über den Aufbau und die Eigenschaften von Komponenten. Links sind Objekte und ihre Verkettung mit anderen Objekten in einem semantischen Datenmodell dargestellt, rechts ist ein Auszug der Beschreibung des Objekts 'Systemelement' abgebildet. Um

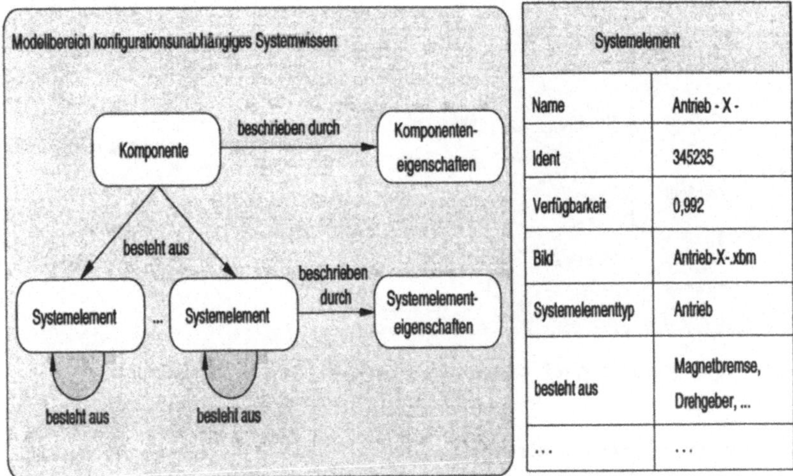

Bild 4.7:   Modellbereich konfigurationsunabhängiges Systemwissen

den hierarchischen Aufbau von Komponenten abbilden zu können, dienen die Systemelemente als Knoten in einem Strukturbaum. Das Objekt 'Komponenteneigenschaften', erlaubt abhängig vom Komponententyp und eingeteilt in Klassen (Werkzeugmaschinen, Handhabungsgeräte, Effektoren, Sensorik, Werkzeuge usw.) und Unterklassen (Effektor: Greifer, Schrauber usw.) eine Beschreibung der verschiedenen Eigenschaften von Komponenten. Gemeinsame Eigenschaften aller Systemelemente, wie z.B. Name, Identifikationsnummer oder Verfügbarkeit werden den einzelnen Systemelementen direkt zugeordnet. Da die einzelnen Systemelemente, wie auch die Komponenten, sehr unterschiedliche Typen repräsentieren, wird für die Beschreibung ihrer spe-ziellen Eigenschaften das Objekt 'Systemelementeigenschaften' als Wurzel einer Klassenhierarchie definiert.

Modellbereich für konfigurationsunabhängiges Prozeßwissen

Bild 4.8 zeigt die wesentlichen Grundelemente des Modellbereichs zur Abbildung von konfigurationsunabhängigem Prozeßwissen und damit von Wissen über Vorgänge, die von einer Komponente durchführbar sind sowie das daraus

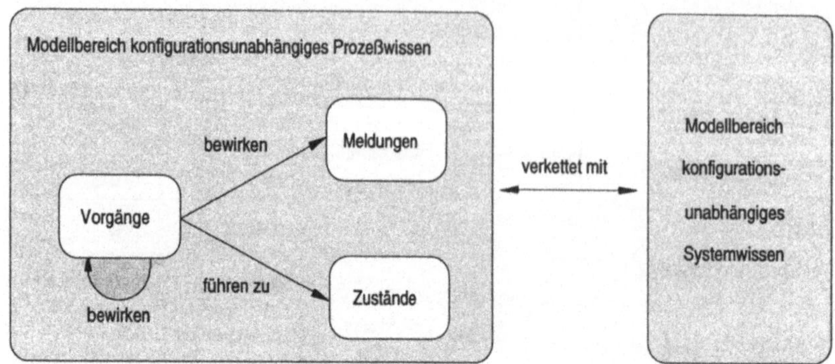

Bild 4.8:   Modellbereich konfigurationsunabhängiges Prozeßwissen

resultierende Verhalten der Komponente. So bewirkt z.B. der konfigurations-unabhängige Vorgang 'Starte Programm Palettenwechsel', der Teil eines Zellenprogramms sein könnte, die durch das NC-Programm festgelegten Vorgänge: Einbringen der Spannpalette 1 in den Bearbeitungsraum eines Bearbeitungszentrums sowie das Ausfahren der Spannpalette 2 aus dem Bearbeitungsraum. Durch Verweise von einem Vorgang auf Anfangs- und Endzustände von Systemelementen sowie auf Meldungen, die bei diesem Vorgang von vorhandener Sensorik ausgelöst werden können, kann das aus einem Vorgang resultierende Verhalten abgebildet werden. Da Vorgänge, Zustandsänderungen und Meldungen von Komponenten und deren Systemelementen durchgeführt bzw. ausgelöst werden, müssen die Objekte des Prozeßmodells durch Verweise auf die Objekte im Systemmodell miteinander verkettet werden (vgl. Bild 4.8).

Vorgänge können in Elementarvorgänge und Vorgangsketten unterschieden werden. Ein Elementarvorgang wird auf unterschiedlichen Hierarchieebenen ausgelöst. Er beschreibt einen einzelnen Vorgang, wie z.B. den Vorgang 'Starte Programm', der auf Anweisung des Zellenrechners auf der Steuerungsebene ausgeführt werden kann, oder Vorschub- und Schaltbefehle, die von einer Gerätesteuerung ausgelöst zu Vorgängen auf der Aktor/Sensorebene führen. Jeder Elementarvorgang ist mit verschiedenen Komponenten bzw. Systemelementen verknüpft und kann zu verschiedenen Meldungen und Zuständen führen.

Durch die Verknüpfung von Elementarvorgängen entstehen Vorgangsketten in Form eines Programms (z.B. 'Starte Programm Palettenwechsel'). Die Verkettung der einzelnen Elementarvorgänge (z.B. 'Einfahren der Spannpalette 1', 'Ausfahren der Spannpalette 2') muß durch Verweise auf Vorgänger- und Nachfolgervorgang erfolgen.

Modellbereich für konfigurationsunabhängiges Fehlerwissen

Einen Auszug aus dem konfigurationsunabhängigen Modellbereich zur Repräsentation des expliziten Fehlerwissens über Komponenten sowie einen Auszug der Beschreibung des Objekts 'Fehler' zeigt Bild 4.9. Für die Abbildung des reinen Fehlerwissens soll als allgemeinste Form die Fehlerbaumdarstellung verwendet werden (vgl. Bild 2.6). Zusätzlich müssen die allgemeinen Eigenschaften, wie z.B. Gewichtung und Fehlerart dem Objekt 'Fehler' zugewiesen werden können. Weiterhin sollen ihm über Verweise auf die Objekte 'Symptome', 'Behebung' und 'Recovery' verschiedene Symptome, Fehlerbehe-

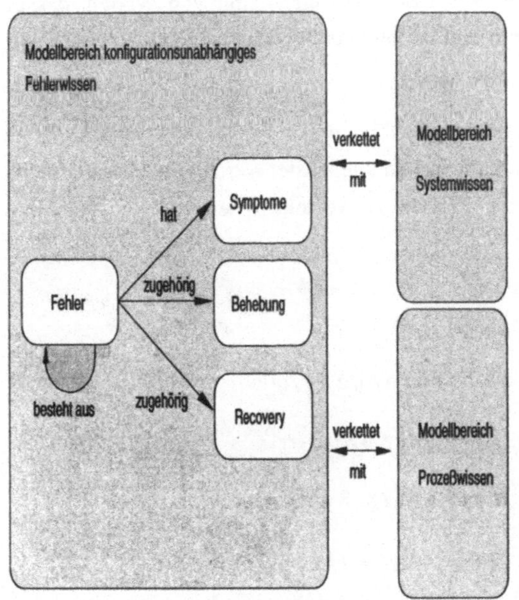

Fehler	
Name	Endschalter defekt
Ident	730215
besteht aus	-
Typ	ursächlich
Gewichtung	90
Fehlerart	Systemfehler
Symptome	Symptom1
Systemelement	Endschalter 007
Vorgang	-
Behebung	Behebung1
Recovery	Recoverystrategie1
...	...

Bild 4.9:   Modellbereich konfigurationsunabhängiges Fehlerwissen

bungsstrategien sowie Strategien für den Wiederanlauf zugeordnet werden. Fehler hängen mit dem System und dem Prozeß zusammen. Diese Zusammenhänge müssen mittels Verweisen auf das Systemmodell, z.B. auf die fehlerhaften Systemelemente, sowie auf das Prozeßmodell, z.B. auf die fehlerhaften Vorgänge und Zustände, abgebildet werden. Auch Symptome verweisen auf Systemelemente, Vorgänge, Meldungen und Zustände. Symptome sind selbst wieder durch eigene Eigenschaften beschrieben, wie zum Beispiel, ob sie automatisch überprüft werden können oder manuell abzuprüfen sind. Ein Beispiel für hier abzulegendes Fehlerwissen wäre der Systemfehler 'Defekter Endschalter' oder der Prozeßfehler 'Programm nicht gelöscht' als Ursache für einen Speicherüberlauf beim Vorgang des Ladens eines neuen NC-Programms.

4.3.3   Teilmodell für konfigurationsabhängiges Wissen

Dieses Teilmodell umfaßt die Strukturen zur Abbildung von konfigurationsabhängigem Diagnosewissen (vgl. Bild 4.10) und damit von Wissen, das in der Zellenplanung sowie beim Aufbau und der Inbetriebnahme beim externen Anbieter einer Produktionszelle entsteht.

Wissen, das in dieses Teilmodell abzubilden ist, besitzt unabhängig davon Gültigkeit, welche Aufträge in die Zellen eingelastet werden und erlaubt damit die wiederholte Nutzung von Wissen zu verschiedenen Zeiten. Denn das

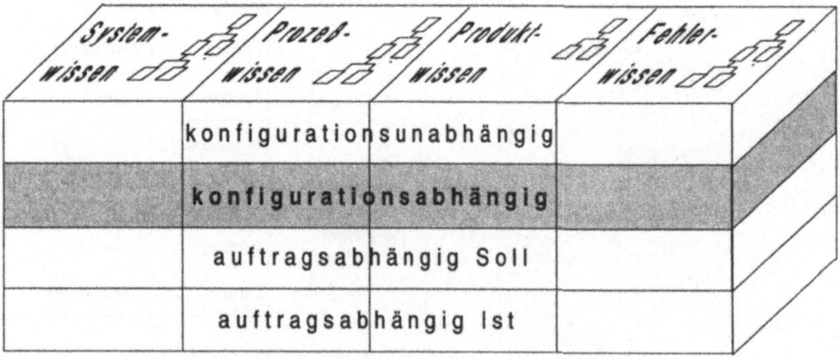

Bild 4.10: Teilbereich konfigurationsabhängiges Wissen

konfigurationsabhängige Wissen über die Verkettung der Komponenten, der
daraus resultierenden möglichen Prozeßvorgänge und möglichen Fehler können vom Diagnosesystem für verschiedene Aufträge wiederverwendet werden.
Zusätzlich kann Wissen über einmal geplante Zellenkonfigurationen gespeichert bleiben, auch wenn sie z.B. aufgrund von Umplanungen über einen
gewissen Zeitraum nicht im Unternehmen benötigt werden, um es bei Bedarf
erneut zu nutzen.

Für eine umfassende Abbildung des konfigurationsabhängigen Diagnosewissens besteht das Teilmodell aus Modellbereichen zur Speicherung von Wissen
über das System, den Prozeß und über Fehlerzusammenhänge. Wissen über
das in einer Zelle bearbeitbare Produktspektrum ergibt sich durch die Auswahl
der Zellenkomponenten und der von diesen Komponenten handhabbaren Werkstücken.

Modellbereich für konfigurationsabhängiges Systemwissen

Bild 4.11 zeigt im linken Teil einen Auszug aus dem Modellbereich zur
Speicherung des konfigurationsabhängigen Systemwissens. Er ermöglicht die

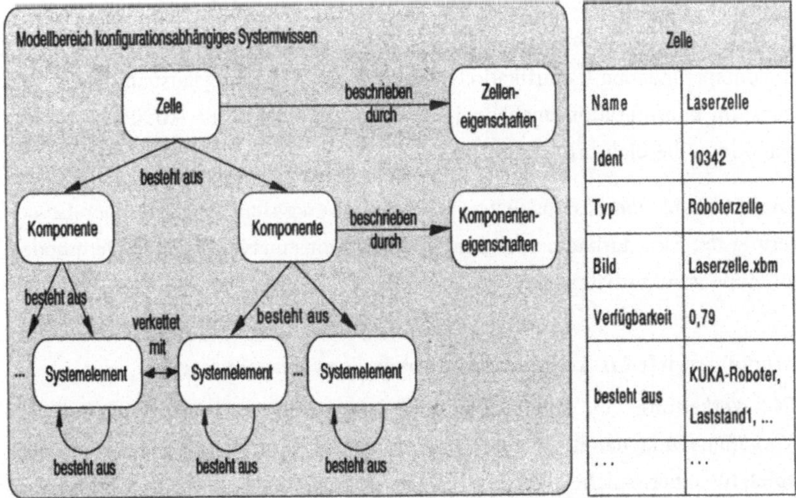

Zelle	
Name	Laserzelle
Ident	10342
Typ	Roboterzelle
Bild	Laserzelle.xbm
Verfügbarkeit	0,79
besteht aus	KUKA-Roboter, Laststand1, ...
...	...

Bild 4.11: Modellbereich konfigurationsabhängiges Systemwissen

Speicherung konfigurationsabhängigen Wissens über den Aufbau und Eigenschaften von Produktionszellen. Zur Beschreibung des hierarchischen Aufbaus der Produktionszelle werden vom Objekt 'Zelle' Verweise auf die benötigten Komponenten aus dem konfigurationsunabhängigen Teilmodell in diesem Modellbereich abgelegt. Das zugehörige konfigurationsunabhängige Wissen über den Aufbau der Komponenten und ihre Eigenschaften ist dadurch verfügbar und braucht nicht erneut abgebildet zu werden. Allgemeine Eigenschaften einer Produktionszelle können, wie im rechten Teil von Bild 4.11 gezeigt, dem Objekt 'Zelle' direkt zugewiesen werden. Da eine Zelle, abhängig von ihrem Typ, über weitere unterschiedliche Eigenschaften verfügen kann, wird das Objekt 'Zelleneigenschaften' definiert. In verschiedene Klassen (Drehzelle, Fräszelle usw.) unterteilt erlaubt es eine Beschreibung weiterer zellenspezifischer Eigenschaften.

Im Rahmen der Systemplanung werden jedoch nicht nur Komponenten als zu einer Zelle gehörig ausgewählt, sondern zusätzlich miteinander verknüpft. Ein Beispiel hierfür ist die Verknüpfung einer Drehmaschine mit einem Roboter durch die Verbindung eines Ausgangs aus der Steuerung der Drehmaschine mit einem Eingang aus der Steuerung des Roboters. Durch diese Verbindung läßt sich eine Synchronisation bei der Interaktion der beiden Komponenten erreichen. Diese Verbindung kann durch die Verknüpfung von Verweisen auf die entsprechenden Identifikationsnummern von Steuerungsausgang bzw. -eingang im konfigurationsunabhängigen Teilmodell und deren Abbildung in diesen Modellbereich erreicht werden.

Die Auswahl von Komponenten sowie ihre Verkettung führt zu einer Erweiterung der Strukturbäume aus dem konfigurationsunabhängigen Systemmodell zu Zellenstrukturbäumen.

Modellbereich für konfigurationsabhängiges Prozeßwissen

Die Verkettung von Komponenten führt zu neuen in der Zelle möglichen Vorgängen und damit zu konfigurationsabhängigem Prozeßwissen. Ein Beispiel für einen solchen Vorgang ist ein Zellenprogramm, das das Einbringen eines Werkstücks in eine Drehmaschine durch einen zur Zelle gehörenden Roboter beschreibt.

Zur Speicherung dieses Wissens können Strukturen verwendet werden, die im wesentlichen den Strukturen des Modellbereichs zu Speicherung des konfigurationsunabhängigen Prozeßwissens entsprechen (vgl. Bild 4.8). Denn auch das konfigurationsabhängige Prozeßwissen umfaßt die Beschreibung möglicher Prozeßvorgänge sowie das daraus resultierende Verhalten der Produktionszelle. Dieses Prozeßwissen muß jedoch im Modellbereich durch Verweise auf das Objekt 'Zelle' als zu einer speziellen Zelle gehörig abgebildet werden.

Modellbereich für konfigurationsabhängiges Fehlerwissen

Durch die Verkettung bzw. durch die Interaktion von Komponenten in einer Zelle können zusätzlich zu den bislang berücksichtigten möglichen Fehlern in den einzelnen Komponenten weitere Fehler auftreten. Diese konfigurationsabhängigen Fehler sollen in diesem Modellbereich abgelegt werden. Ein Beispiel für einen solchen Fehler ist, daß ein Verbindungskabel, das einen Ausgang der Steuerung einer Drehmaschine mit einem Eingang der Robotersteuerung verbindet, abgeklemmt ist. Dadurch wird die Verbindung zur horizontalen Synchronisation der beiden Komponenten unterbrochen.

Der Grundaufbau des Modellbereichs zur Speicherung dieses Fehlerwissens entspricht im wesentlichen dem des Modellbereichs zu Speicherung des konfigurationsunabhängigen Fehlerwissens (vgl. Bild 4.9). Auch hier müssen Symptome und Behebungsstrategien abgelegt werden sowie Verweise auf die Objekte in den System- und Prozeßmodellbereichen. Das in diesen Modellbereich abzulegende Wissen muß jedoch über Verweise auf das Objekt 'Zelle' als zu einer bestimmten Produktionszelle gehörig gekennzeichnet werden.

4.3.4   Teilmodell für auftragsabhängiges Sollwissen

Dieses Teilmodell umfaßt die Strukturen zur umfassenden Abbildung von auftragsabhängigem Sollwissen (vgl. Bild 4.12) und damit von Wissen über das System, den Prozeß, das Produkt und über Fehlerzusammenhänge, das

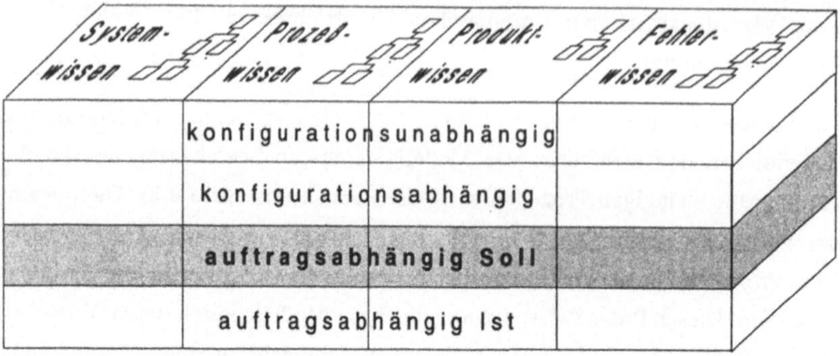

Bild 4.12: Teilbereich auftragsabhängiges Sollwissen

während der Produktkonstruktion sowie der Arbeitsablaufplanung entsteht. Im Gegensatz zum konfigurationsunabhängigen und konfigurationsabhängigen Wissen, das vorwiegend bei den unternehmensexternen Anbietern von Zellenkomponenten und Produktionszellen vorliegt, entsteht dieses Wissen beim Anwender der Produktionszelle. In dieser Phase wird konfigurationsabhängiges Wissen um auftragsabhängiges ergänzt. Es beschreibt das sich zeitlich ändernde Sollabbild einer Produktionszelle während eines eingelasteten Zellenauftrags.

Durch die Speicherung des auftragsabhängigen Sollwissens in einem eigenen Teilmodell ist dieses als auftragsabhängig gekennzeichnet. Wissen über alte Aufträge kann somit separat gespeichert bleiben und bei Bedarf wiederholt genutzt werden. Soll ein neuer Auftrag in die Produktionszelle eingelastet werden, so ist klar vorgegeben, welches auftragsabhängige Wissen in das systeminterne Modell des Diagnosesystems abzubilden ist.

Modellbereich für auftragsabhängiges Sollwissens über das System

Dieser Modellbereich dient zur Speicherung des auftragsabhängigen Sollwissens über das System und soll daher die Beschreibung der Integration auftragsabhängiger Komponenten, wie z.B. Werkzeuge oder Spannvorrichtungen in die Zelle ermöglichen. Da auch hier, genauso wie beim konfigurationsabhängigen Systemwissen, lediglich Komponenten aus dem konfigurationsunabhängigen Teilmodell ausgewählt und mit anderen Zellenkomponenten verkettet werden müssen, besitzt dieser Modellbereich denselben Grundaufbau wie der Modellbereich zur Speicherung des konfigurationsabhängigen Systemwissens (vgl. Bild 4.11). Um verschiedene Aufträge in diesem Modellbereich speichern zu können, müssen die einzelnen Komponenten jedoch sowohl einer bestimmten Zelle als auch einem speziellen Auftrag zugeordnet werden. Diese Auswahl und Verkettung von Komponenten führt zu einer auftragsabhängigen Erweiterung der Zellenstrukturbäume.

Modellbereich für auftragsabhängiges Sollwissen über den Prozeß

Im Gegensatz zu den bislang beschriebenen Modellbereichen zur Speicherung von Prozeßwissen, in denen Wissen zur Beschreibung möglicher Vorgänge sowie das daraus resultierende Verhalten von Komponenten bzw. der Zelle abgebildet werden kann, sollen hier das geplante in die Produktionszelle einzulastende Zellenprogramm sowie die auszuführenden NC/RC-Programme als Sollvorgänge abgebildet werden. Jeder Sollvorgang setzt sich dabei aus möglichen Vorgängen zusammen, die in den oben definierten Teilmodellen abgebildet sind. Zur Abbildung der Sollvorgänge auf Zellen- und Steuerungsebene dient das Objekt 'Sollvorgang'. Bild 4.13 zeigt dazu einen Auszug der Beschreibung dieses Objekts und verdeutlicht beispielhaft die Abbildung eines Ausschnitts aus einem Zellenprogramm. Wird z.B. im Zellenprogramm ein RC-Programm gestartet, so kennzeichnet der Parameter den Programmnamen und den Parametertyp, daß es sich um ein RC-Programm handelt. Dadurch wird die Verbindung zwischen Sollvorgängen auf Zellen- und Steuerungsebene hergestellt.

Für eine umfassende Abbildung des auftragsabhängigen Sollwissens über den Prozeß kann zusätzlich zur Verkettung von Vorgängen das aus diesen resultierende Verhalten und damit Wissen über auftragsabhängige Zustände in den Objekten 'Zustand' gespeichert werden. Ein Beispiel für auftragsabhängige Zustände sind dynamische Laststandsbelegungen in einer Zelle, die sich erst durch den Sollablauf ergeben. Konfigurationsabhängiges bzw. -unabhängiges Wissen, das mit dem Sollablauf zusammenhängt, braucht nicht erneut abge-

Sollvorgang	
Vorgangsnummer	127 (Starte Programm)
Vorgangsschritt	2
Parameter	Werkstück einlegen
Parametertyp	RC-Programm
Komponente	
Zelle	
gehört zu Zellenprog	
Anfangszeitpunkt	
Endzeitpunkt	
mögliche Fehler	
...	

Sollvorgang	
Vorgangsnummer	141 (Transportiere)
Vorgangsschritt	3
Parameter	Palette von Laststand1 nach Laststand2
Parametertyp	Wert
Komponente	fahrerloses Transportsystem
Zelle	Laserzelle
gehört zu Zellenprogramm	Ölverteiler bearbeiten
Anfangszeitpunkt	15:03:27
Endzeitpunkt	15:04:53
mögliche Fehler	falsche Laststandsbelegung
...	...

Bild 4.13: Ausschnitt aus der Beschreibung eines Sollvorgangs

bildet zu werden. Es ist durch einen Zugriff auf die entsprechenden Teilmodelle mittels der 'Vorgangsnummer' verfügbar (vgl. Bild 4.13).

Modellbereich für auftragsabhängiges Sollwissen über Fehler

Dem in diesem Teilmodell abgelegten auftragsabhängigen System- und Prozeßwissen können mögliche auftragsabhängige Fehler zugeordnet werden. Der
hierfür benötigte Modellbereich kann dafür im wesentlichen über dieselbe
Struktur verfügen wie der Modellbereich zur Speicherung des konfigurationsunabhängigen Fehlerwissens (vgl. Bild 4.9). Alle auftragsabhängigen Fehler

müssen jedoch über entsprechende Verweise einem bestimmten Zellenauftrag und einer speziellen Zelle zugeordnet werden. Ein Beispiel für einen auftragsabhängigen Fehler ist der Umstand, daß das fahrerlose Transportsystem eine Palette nicht auf einem Laststand ablegen kann, da dieser falsch vorbelegt wurde.

Modellbereich für auftragsabhängiges Sollwissen über das Produkt

Das auftragsabhängige Wissen über das Produkt beschreibt Wissen über Werkstücke, die im Rahmen eines Zellenauftrags in einer Produktionszelle zu produzieren sind. Da das Produkt, wie schon erwähnt, für die technische Diagnose nur bedingt berücksichtigt werden soll, wird das definierte Objekt 'Werkstück' lediglich durch allgemeine Eigenschaften wie z.B. Name, Werkstoff und Geometrieabmessungen beschrieben. Durch einen Verweis auf das zugehörige Zellenprogramm wird das Objekt mit den anderen Modellbereichen verknüpft.

4.3.5 Teilmodell für auftragsabhängiges Istwissen

Das Teilmodell zur Speicherung von auftragsabhängigem Istwissen umfaßt die Strukturen zur Abbildung von Diagnosewissen, das während der Produktion beim Anwender der Produktionszelle entsteht (vgl. Bild 4.14). Dieses Wissen kann sich im Gegensatz zum auftragsabhängigen Sollwissen durch

Bild 4.14: Teilbereich auftragsabhängiges Istwissen

Konzept zur Aufwandsminimierung beim Wissenserwerb für die Diagnose auf Zellenebene

Störungen bei der wiederholten Einlastung ein und desselben Zellenprogramms ändern und muß daher wiederholt erfaßt werden. Es soll daher als eigener Wissensbereich in diesem Teilmodell abgelegt werden.

Auftragsabhängiges Istwissen über das System beschreibt dabei den Aufbau des Systems während des Produktionsvorgangs. Dieser Aufbau ändert sich während des störungsfreien Produktionsvorgangs nicht, stimmt daher mit dem Systemwissen aus dem Teilmodell für auftragsabhängiges Sollwissen überein und braucht nicht erneut abgebildet werden.

Durch Störungen können sich Aufbau und Eigenschaften des Systems ändern. Diese Änderungen am System sind fehlerhaft. Sie werden erst im Rahmen der Diagnose durch das Diagnosesystem entweder automatisch über entsprechende Sensorik oder durch eine Befragung des Bedieners ermittelt und können daher nicht im zentralen Diagnosemodell für die Diagnose zur Verfügung gestellt werden. Diese fehlerhaften Änderungen sollen jedoch im Rahmen der Fehlerauswertung dem Produktionsumfeld in entsprechenden Modellstrukturen als aufgetretene Systemfehler bereitgestellt werden.

Auftragsabhängiges Istwissen über den Prozeß beschreibt das Wissen über die tatsächlich in der Produktion abgelaufenen Prozeßvorgänge. Auch dieses Wissen entspricht bei einem störungsfreien Ablauf dem des auftragsabhängigen Sollwissens. Um Abweichungen der Sollvorgänge von den Istvorgängen im Störfall festzustellen, muß der reale Ablauf protokolliert werden. Für diese Vorgänge sowie die dabei aufgetretenen Prozeßfehler sind daher entsprechende Modellstrukturen zu entwickeln.

Auftragsabhängiges Istwissen über das Produkt beschreibt dynamisches Wissen über produzierte Werkstücke in der Zelle. Es stellt damit das sich zeitlich ändernde Zustandsabbild der Werkstücke dar und stimmt bei einem störungsfreien Ablauf mit dem Sollwissen über das Produkt überein. Um im Fehlerfall überprüfen zu können, ob das in die Zelle eingebrachte Werkstück mit seiner Beschreibung aus dem Teilmodell zur Speicherung des auftragsabhängigen Sollwissens übereinstimmt, muß dieses Wissen erst während des Diagnosevorgangs vom Bediener erfragt werden und kann daher nicht im zentralen

Diagnosemodell für die Diagnose bereitgestellt werden. Zu speichern ist hingegen das Wissen über aufgetretene Produktfehler im Rahmen der Fehlerauswertung.

Vor diesem Hintergrund müssen in diesem Teilmodell Modellbereiche zur Speicherung der realen Prozeßvorgänge sowie zur Auswertung der aufgetretenen Fehler erstellt werden.

Modellbereich für auftragsabhängiges Istwissen über den Prozeß

Zur Speicherung des Protokolls der real in den Zellen erfolgten Vorgänge sowie des daraus resultierenden Verhaltens der Zelle besitzt dieser Modellbereich im wesentlichen denselben Aufbau wie der Modellbereich zur Speicherung des auftragsabhängigen Sollwissens über den Prozeß. Durch die Speicherung der geplanten und tatsächlich erfolgten Vorgänge in Modellen, die über dieselben Grundstrukturen verfügen, wird die Grundlage für einen einfachen Soll-Ist-Vergleich im Rahmen der Diagnose gelegt.

Modellbereich für auftragsabhängiges Istwissen über Fehler

Auftragsabhängiges Istwissen über Fehler umfaßt keine weiteren möglichen Fehler, sondern die Auswertung der diagnostizierten Fehler. Zur Abbildung der aufgetretenen Fehler dient das Objekt 'Fehlerauswertung' (vgl. Bild 4.15). Über die Fehleridentifikationsnummer ist der abgelegte Fehler mit den Modellbereichen zur Speicherung von Fehlerwissen in den anderen Teilmodellen verknüpft. Dadurch steht zusätzlich Wissen zur Verfügung, z.B. ob es sich um einen System-, Prozeß- oder Produktfehler handelt oder mit welchem Systemelement bzw. Vorgang der aufgetretene Fehler zusammenhängt. Dieser Modellbereich ist eine Voraussetzung für den Rückfluß von Wissen aus den Diagnosesystemen in das Produktionsumfeld.

Fehlerauswertung	
Fehlername	Sicherung defekt
Ident	26710
Zelle	Laserzelle
Zellenauftrag	Ölverteiler bearbeiten
Auftrittszeitpunkt	13.02.23:02.01.93
Behebungsmaßnahme	Maßnahme 4711
Behebungszeitpunkt	13.32.51:02.01.93

Bild 4.15: Fehlerauswertung

4.4 Erwerb von Wissen aus dem Produktionsumfeld

4.4.1 Übersicht

Nach der Entwicklung der Struktur eines Diagnosemodells zur effizienten
Bereitstellung von Wissen sollen nun in diesem Abschnitt Mechanismen konzipiert werden, die die formale und dezentral verteilte Erfassung von Wissen
aus dem Umfeld erlauben. Dabei können Mechanismen zum automatisierten
sowie zum manuellen Wissenserwerb unterschieden werden. Zusammen mit
dem Diagnosemodell bilden sie den Kern des Wissenserwerbssystems.

4.4.2 Automatisierter Wissenserwerb

Um den automatisierten Wissenserwerb aus einem Datenspeicher eines rechnergestützten Systems des Produktionsumfelds zu ermöglichen, muß in einem
ersten Schritt eine Schnittstellenfunktionen erstellt werden, die die Abbildung
von Wissen aus dem Datenspeicher der Wissensquellen in das Diagnosemodell
ermöglicht. Ein Beispiel für einen solchen Datenspeicher ist die Datei eines

CAD-Systems, in der der strukturelle Aufbau einer konstruierten Komponente abgelegt ist. In einem zweiten Schritt muß dem Anwender über eine grafische Benutzeroberfläche die Möglichkeit gegeben werden, diese Schnittstellenfunktion mit den benötigten Funktionsparametern zu versehen und aufzurufen, um den Vorgang der Abbildung von Wissen zum erforderlichen Zeitpunkt starten zu können.

Wie in Kapitel 4.2.1 beschrieben wurde, ist nicht bekannt, welche rechnergestützten Systeme und Datenspeicher im Produktionsumfeld eines beliebigen Unternehmens eingesetzt werden und wie das Wissen in deren Datenspeichern strukturiert ist. Deshalb muß die Erstellung einer Schnittstellenfunktion und ihre Einbindung in die Benutzeroberfläche des Anwenders jederzeit vor Ort erfolgen können.

Für die Diagnose auf Steuerungsebene bestehen bereits Ansätze für einen automatisierten Wissenserwerb (vgl. 2.5.2). Dabei werden Schnittstellenfunktionen bereitgestellt, die die Abbildung von Wissen aus ausgewählten rechnergestützten Systemen in die Modellstruktur der Diagnosesysteme ermöglichen. Damit der Anwender diese Funktionen zum erforderlichen Zeitpunkt ausführen kann, werden diese in die Benutzeroberfläche der Diagnosesysteme eingebunden.

Nachteilig wirkt sich bei diesen Ansätzen jedoch aus, daß die Schnittstellenfunktionen starr in den Quellcode der Diagnosesysteme bzw. in deren grafische Benutzeroberfläche eingebunden sind. Eine Integration weiterer Schnittstellenfunktionen zu anderen rechnergestützten Systemen ist daher nur durch den Eingriff in den Quellcode der Diagnosesysteme möglich. Dies ist jedoch zum einen zeitaufwendig und zum anderen setzt es die genaue Kenntnis der Quellcodes beim Anwender voraus. Die Möglichkeit zur effizienten Einbindung von Schnittstellenfunktionen zu beliebigen rechnergestützten Systemen wird dadurch verhindert.

Vor diesem Hintergrund wird im folgenden ein Ansatz entwickelt, der wie die bereits bestehenden Ansätzen das Ziel verfolgt, dem Anwender durch eine grafische Benutzeroberfläche jederzeit die Ausführung des Vorgangs des automatisierten Wissenserwerbs aus einem rechnergestützten Systems zu ermöglichen. Im Gegensatz zu den bisherigen Ansätzen soll jedoch die Erstellung von Schnittstellen zu beliebigen rechnergestützten Systemen sowie deren Einbindung in die Benutzerschnittstelle des Anwenders jederzeit effizient ermöglicht werden, ohne daß in den Quellcode des Wissenserwerbssystems eingegriffen werden muß.

Der entwickelte Ansatz sieht vor, daß in einem ersten Schritt eine Schnittstelle zwischen dem Diagnosemodell und einem Datenspeicher und damit einer Datei oder einer Datenbank eines rechnergestützten Systems entwickelt werden muß. Anders als bei den bisherigen Ansätzen soll diese Schnittstelle nicht in Form einer Schnittstellenfunktion realisiert werden, sondern in Form eines eigenständigen, ausführbaren Programms. Hierfür bildet das entwickelte Diagnosemodell als zentrale Schnittstelle zu den Systemen des Umfelds bereits eine geeignete Grundlage. Die klaren Modellstrukturen des Diagnosemodells vereinfachen die Erstellung von Schnittstellenprogrammen. Durch die Bereitstellung des Diagnosemodells in einer Datenbank kann die Erstellung eines Schnittstellenprogramms unabhängig davon erfolgen, welchen Typ von Datenspeicher die rechnergestützten Systeme im Produktionsumfeld einsetzten. Ein Eingriff in den Quellcode des Wissenserwerbssystems ist hierfür nicht erforderlich. Auf diese Weise können mit geringem Aufwand Schnittstellen zu beliebigen rechnergestützten Systemen erstellt werden und in Form einer jederzeit erweiterbaren Bibliothek abgelegt werden (vgl. Bild 4.16).

In einem zweiten Schritt müssen nun die Schnittstellenprogramme in die Benutzerschnittstelle für den späteren Anwender eingebunden werden. Hierfür müssen ihm in seiner Benutzeroberfläche entsprechend gekennzeichnete Menüpunkte bereitgestellt werden, wie z.B. der Menüpunkt 'Hole Konstruktionswissen aus dem CAD-System'. Diesen Menüpunkten müssen wiederum Menüfenster zugeordnet sein, über die der Anwender grafisch interaktiv die erforderlichen Programmparameter, wie z.B. den Namen der gewünschten CAD-Datei, anwählen und den Vorgang des automatisierten Wissenserwerbs starten kann.

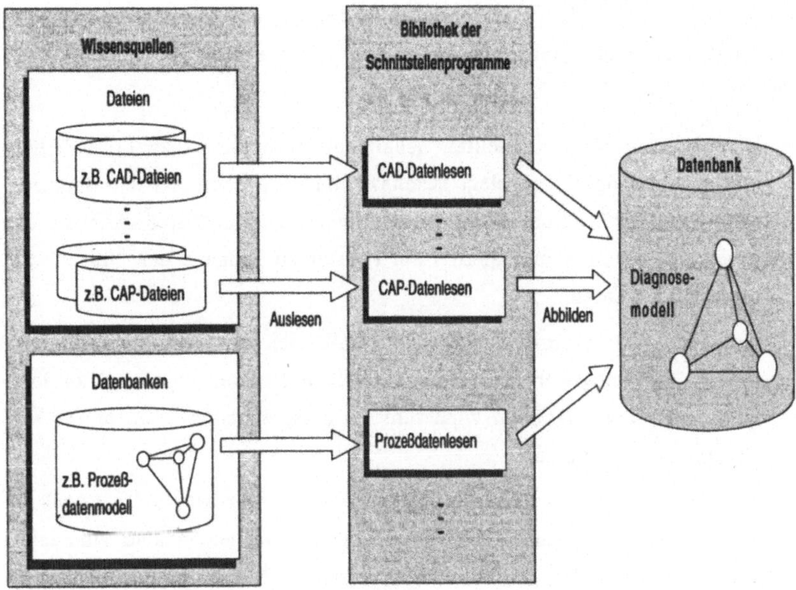

Bild 4.16: Schnittstellen als ausführbare Programme

Voraussetzung für diese formale Einbindung von Schnittstellenprogrammen ist es, daß die Benutzeroberfläche frei konfigurierbar ist. Die Kennzeichnung eines Menüpunkts, die Zuordnung des Schnittstellenprogramms zu diesem Menüpunkt und die Bereitstellung von Menüfenstern zur Eingabe bzw. Anwahl der benötigten Programmparameter muß grafisch interaktiv durchgeführt werden können.

Hierfür soll die Benutzeroberfläche über Menüpunkte verfügen, die zu Anfang als unbelegt gekennzeichnet sind und denen jeweils ein sogenannter 'System Call' zugeordnet ist. 'System Calls' sind Funktionen, die es ermöglichen aus einem Programm heraus und damit über die Benutzerschnittstelle des Wissenserwerbssystems andere ausführbare Programme, die erstellten Schnittstellenprogramme, zu starten. Den 'System Calls' müssen dafür der Name des auszuführenden Programms sowie die zugehörigen Programmparameter übergeben werden.

Konzept zur Aufwandsminimierung beim Wissenserwerb für die Diagnose auf Zellenebene

Über ein bereitgestelltes Konfigurationsmenü soll der Experte nach der Erstellung eines Schnittstellenprogramms angeleitet werden, folgende Schritte durchzuführen:

- Um den Aufruf des erstellten Schnittstellenprogramms zu ermöglichen, muß ein bislang als unbelegt gekennzeichneter Menüpunkt der Benutzerschnittstelle mit einem Namen versehen werden. Durch Anwahl des Menüpunkts soll dem Experten ein Fenster zu Eingabe des Namens bereitgestellt werden.

- Um dem oben beschriebenen 'System Call', der jedem Menüpunkt hinterlegt ist, den entsprechenden Namen des Schnittstellenprogramms zu übergeben, soll dem Experten wiederum ein entsprechendes Fenster zur Verfügung gestellt werden.

- Für den Aufruf von Schnittstellenprogrammen werden in der Regel zusätzlich Programmparameter benötigt. Zu unterscheiden sind zum einen Programmparameter, die aus einer begrenzten Menge auszuwählen sind, wie z.B. der Name der Datei eines CAD-Systems, die das Wissen über die Struktur einer Komponente gespeichert hat. Zum anderen müssen Programmparameter berücksichtigt werden können, die vom Anwender frei bestimmt werden sollen. Nach einer Abfrage der Anzahl und des Typs der benötigten Parameter werden dem Experten bei Bedarf entsprechende Fenster zur Eingabe der Parameter vorgegeben.

- Schließlich soll der Experte in einem letzten Fenster eine Handlungsanleitung in Textform eintragen können, die dem späteren Anwender Anweisungen erteilt, wie die Angabe von Programmparametern und das Starten eines Schnittstellenprogramms grafisch interaktiv erfolgen kann.

Die Durchführung dieser Schritte ermöglicht die formale Einbindung von Schnittstellenprogrammen in die Benutzeroberfläche. Soll in einem Unternehmen z.B. ein anderes CAD-System eingesetzt werden, so braucht lediglich das Schnittstellenprogramm erneut erstellt bzw. unter Umstände nur aktualisiert werden und kann dann grafisch interaktiv eingebunden werden. Ein Eingriff in den Quellcode des Wissenserwerbssystems ist nicht nötig.

Für den Vorgang des automatisierten Wissenserwerbs werden wie in Bild 4.17 dargestellt zum einen Schnittstellenprogramme benötigt, die die Abbildung von Wissen in das Diagnosemodell grundsätzlich möglich machen. Um diese im Bedarfsfall ausführen zu können wird zum anderen eine frei konfigurierbare Benutzerschnittstelle benötigt, die über ein Konfigurationsmenü sowie ein Ausführungsmenü verfügt. Über das Konfigurationsmenü erfolgt die formale Einbindung der Schnittstellenprogramme (Konfigurationsphase). Während über das Ausführungsmenü der Vorgang des Wissenserwerbs jederzeit gestartet werden kann (Ausführungsphase), wie nachfolgend anhand eines Beispiels verdeutlicht werden soll.

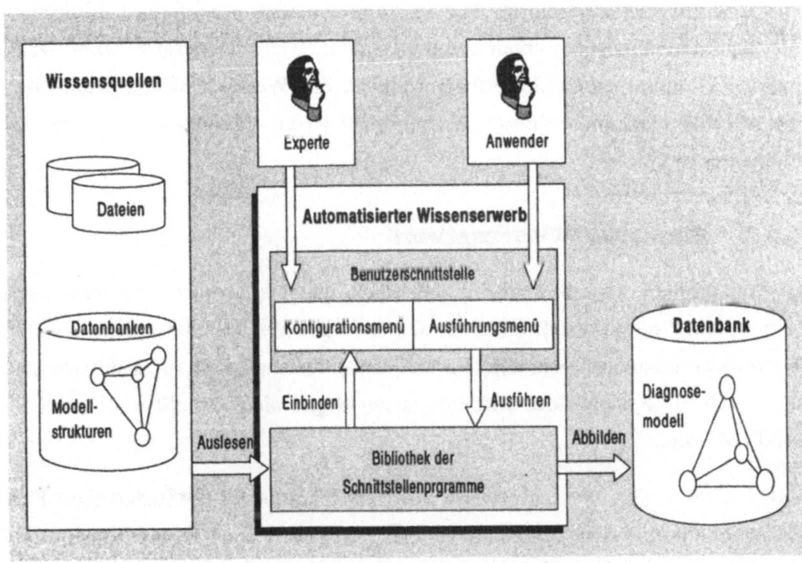

Bild 4.17: Vorgang des automatisierten Wissenserwerbs

Wurde während der Konfigurationsphase ein Schnittstellenprogramm in die Benutzeroberfläche eingebunden, das einen Strukturbaum von konstruierten Komponenten aus einer CAD-Datei ausliest, so können in der Ausführungsphase die Konstrukteure im Unternehmen den automatisierten Erwerb dieses Wissens für die Diagnose folgendermaßen durchführen:

Nach der Speicherung einer konstruierten Komponente in einer CAD-Datei wählen sie dazu im Ausführungsmenü der Benutzerschnittstelle den in der Konfigurationsphase entsprechend gekennzeichneten Menüpunkt aus. Anschließend wählen sie die CAD-Datei als Programmparameter aus einer vorgegebenen Liste an und starten grafisch interaktiv den Vorgang des Wissenserwerbs. Dabei werden sie durch die in der Konfigurationsphase erstellte Handlungsanleitung geführt. Damit wird in diesem Beispielfall die automatisierte Abbildung der Strukturbäume von Komponenten, die mit diesem CAD-System konstruiert werden, in das Diagnosemodell zu einem beliebigen Zeitpunkt durchführbar.

Durch diesen formalen Ansatz läßt sich eine jederzeit erweiterbare Bibliothek von Schnittstellenprogrammen zu unterschiedlichsten rechnergestützten Systemen im Produktionsumfeld aufbauen und in das Wissenserwerbssystem integrieren. Ein effizienter Einsatz des automatisierten Wissenserwerbs wird dadurch erst möglich.

4.4.3   Manueller Wissenserwerb

In Abhängigkeit von der Präsenz und Mächtigkeit von rechnergestützten Systemen im Produktionsumfeld läßt sich nur ein Teil des diagnoserelevanten Wissens automatisiert erfassen. So muß vor allem das explizite Fehlerwissen, das durch die Systeme des Umfelds in der Regel nicht erstellt wird, manuell erfaßt werden.

Für den manuellen Wissenserwerb wird als Schnittstelle zwischen dem Diagnosemodell und den verschiedenen Experten aus dem Produktionsumfeld eine Benutzeroberfläche benötigt. Sie soll den Experten an ihrem Arbeitsplatz bereitgestellt werden und dadurch die Eingabe von Wissen zum Zeitpunkt seiner Entstehung ermöglichen.

Die Führung der Experten durch diese Benutzeroberfläche soll in einer Weise erfolgen, die der Vorstellungswelt der Experten entspricht, und kein spezielles Wissen über den Aufbau von Diagnosesystemen oder Kenntnisse der objektorientierten Repräsentationsformen von Wissen voraussetzen.

Zusätzlich muß berücksichtigt werden, daß die Experten aus den verschiedenen Bereichen des Produktionsumfelds über unterschiedliches diagnoserelevantes Wissen verfügen. Ihnen muß daher über entsprechende Benutzeroberflächen eine jeweils angepaßte Sicht auf das Diagnosemodell gegeben werden (vgl. Bild 4.18). So soll z.B. dem Zellenplaner zum einen das konfigurationsunabhängige Wissen aus der Komponentenherstellung unterstützend bereitgestellt werden, zum anderen soll er aber nicht mit auftragsabhängigem Wissen aus der Arbeitsablaufplanung konfrontiert werden. Er soll nur zur Eingabe des konfigurationsabhängigen Wissens aufgefordert werden.

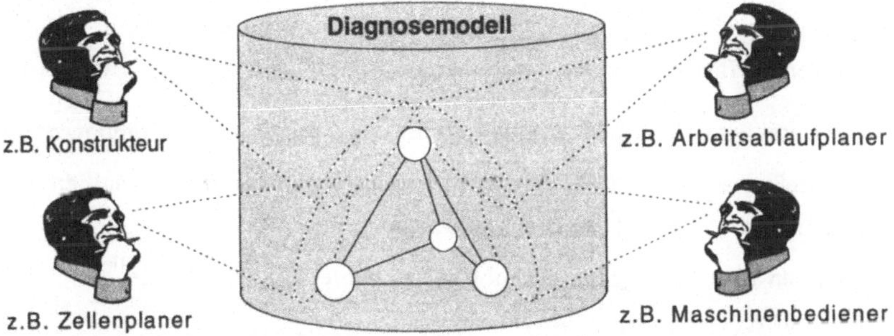

Bild 4.18: Unterschiedliche Sichten der Experten auf das Diagnosemodell

Zur Umsetzung dieser Ansätze sollen im folgenden drei bereichsspezifische Benutzeroberflächen konzipiert werden, die zwischen der Sicht auf:

- die Bibliothek zur Eingabe konfigurationsunabhängigen Wissens,

- das System zur Eingabe konfigurationsabhängigen Wissens und auf

- den Auftrag zur Eingabe auftragsabhängigen Sollwissens unterscheiden.

Von der Entwicklung einer Benutzeroberfläche, die durch eine Sicht auf das auftragsabhängige Istwissen die manuelle Eingabe dieses Wissens erlaubt, soll abgesehen werden, denn auftragsabhängiges Istwissen entsteht erst während der Produktion. Die manuelle Eingabe dieses Wissens in das Diagnosemodell kann daher erst nach dem Auftreten eines Fehlers in der Produktionszelle erfolgen. Sinnvoller ist es deshalb, das benötigte auftragsabhängige Istwissen während der Diagnose über die hierfür bereits vorhandene Benutzerschnittstelle des jeweiligen Diagnosesystems gezielt vom Bediener zu erfragen.

Die Sicht auf die 'Bibliothek'

Die Sicht auf die Bibliothek soll den Experten die Eingabe von Wissen über die in einer Zelle einsetzbaren Komponenten ermöglichen. Sie dient daher sowohl zur Erfassung als auch zur Visualisierung von konfigurationsunabhängigem Wissen.

Um eine Anleitung der Experten bei der Eingabe von konfigurationsunabhängigem Wissen zu ermöglichen, die ihrer Vorstellungswelt nahekommt, soll die Benutzeroberfläche Bereiche unterscheiden zur Eingabe von (vgl. Bild 4.19):

- Systemwissen über den Aufbau und die Eigenschaften von Komponenten,

- Prozeßwissen über die ausführbaren Vorgänge und das daraus resultierende Verhalten von Komponenten sowie von

- Wissen über konfigurationsunabhängige Fehlerzusammenhänge.

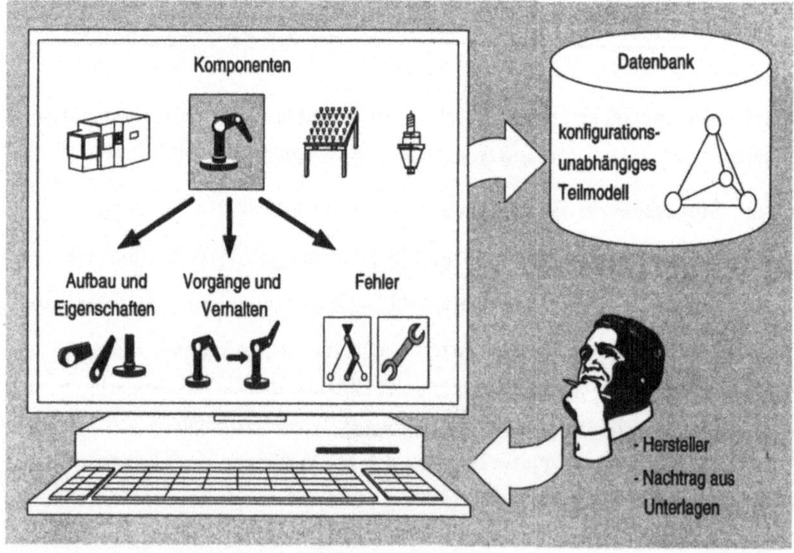

Bild 4.19: Erfassung von konfigurationsunabhängigem Wissen

Mit Hilfe dieser Benutzeroberfläche soll Wissen erworben werden, das vor allem beim Hersteller einer Komponente entsteht. Um dieses Wissen effizient zum Zeitpunkt seiner Entstehung erfassen zu können, ist es sinnvoll, die Benutzeroberfläche dem Hersteller in seinem Unternehmen bereitzustellen. Eine nähere Untersuchung dieser externen Möglichkeit zum manuellen Wissenserwerb wird in Kapitel 4.6 erfolgen. Ist diese Bereitstellung beim Hersteller nicht möglich, so muß dieses Wissen durch den Anwender der Produktionszelle aus den Unterlagen der Herstellers übertragen werden. Umso wichtiger ist eine klare und umfassende Dokumentation des Wissens über die Komponenten durch den Hersteller. Zusätzlich soll an dieser Stelle angemerkt werden, daß die verschiedenen Hersteller ihr umfangreiches Wissen nicht nur in Form von Unterlagen, sondern es zusätzlich für eine automatisierte Erfassung in Form von Dateien, z.B. auf Disketten, zur Verfügung stellen sollten. Beispiele für in dieser Weise abzulegendes Wissen sind Strukturbäume oder Fehlerbäume aber auch grafisches Wissen wie Reparaturpläne oder Sinnbilder von Bauteilen einer Komponente, die den Anwender während der Diagnose visuell unterstützen können.

Die Sicht auf das 'System'

Durch die Sicht auf das System soll die Eingabe des konfigurationsabhängigen Wissens über die Produktionszellen ermöglicht werden. Auch hier gilt wie bei der Erfassung des konfigurationsunabhängigen Wissens durch den Hersteller von Zellenkomponenten, daß die direkte Bereitstellung dieser Benutzeroberfläche beim Systemanbieter anzustreben ist. Denn die Zellenplaner und Experten aus der Inbetriebnahme können die Eingabe des konfigurationsabhängigen Wissens effizienter durchführen als der spätere Anwender der Produktionszelle.

Für die manuelle Eingabe von Wissen soll die Benutzeroberfläche Strukturen aufweisen, die zum einen die Auswahl der benötigten Zellenkomponenten aus der Bibliothek erlauben. Um die konfigurationsabhängige Ergänzung dieses Wissens zu ermöglichen, soll die Benutzeroberfläche zum anderen Bereiche zur Eingabe von (vgl. Bild 4.20):

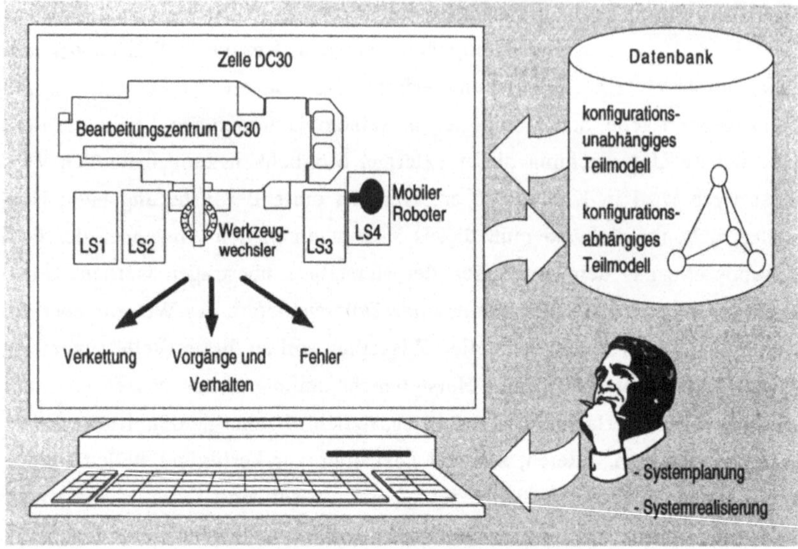

Bild 4.20: Erfassung von konfigurationsabhängigem Wissen

- Systemwissen über die Verkettung der Zellenkomponenten,

- Prozeßwissen über die möglichen Vorgänge und das daraus resultierende Verhalten bei der Interaktion zwischen Komponenten und von

- Wissen über konfigurationsabhängige Fehlerzusammenhänge aufweisen.

Dadurch kann das konfigurationsunabhängige Wissen um konfigurationsabhängiges Wissen erweitert werden.

Die Sicht auf den 'Auftrag'

Durch die Sicht auf den Auftrag soll den Experten aus der Produktkonstruktion sowie der Arbeitsablaufplanung im Unternehmen des Anwenders der Produktionszelle die effiziente Visualisierung und Eingabe des auftragsabhängigen Wissens ermöglicht werden.

Hierzu gehört Wissen über Auftragsdaten, wie Programmnamen und auftragsabhängige Betriebsmittel (z.B. Spannvorrichtungen) sowie das Wissen über
den Sollablauf und die zu fertigenden Werkstücke.

Als Unterstützung für die Eingabe des auftragsabhängigen Wissens ist es
wesentlich, daß das benötigte konfigurationsunabhängige Wissen, das z.B. die
Beschreibung bereits vorhandener Spannvorrichtungen zur Verfügung stellt,
sowie das konfigurationsabhängige Wissen, das z.B. für die Integration der
Spannvorrichtung in die Zelle von Bedeutung ist, bereitgestellt wird.

Zur manuellen Erfassung des auftragsabhängigen Wissens wird daher eine
Benutzeroberfläche benötigt, die sowohl die Auswahl von konfigurationsabhängigem und -unabhängigem Wissen als auch die Eingabe von auftragsabhängigem Wissen erlaubt. Zur strukturierten Erfassung des auftragsabhängigen
Wissens soll die Benutzeroberfläche Bereiche unterscheiden zur Eingabe von
(vgl. Bild 4.21):

- Systemwissen über die Verkettung der auftragsabhängigen Betriebsmittel
  mit den Zellenkomponenten in der Produktionszelle sowie zur Eingabe

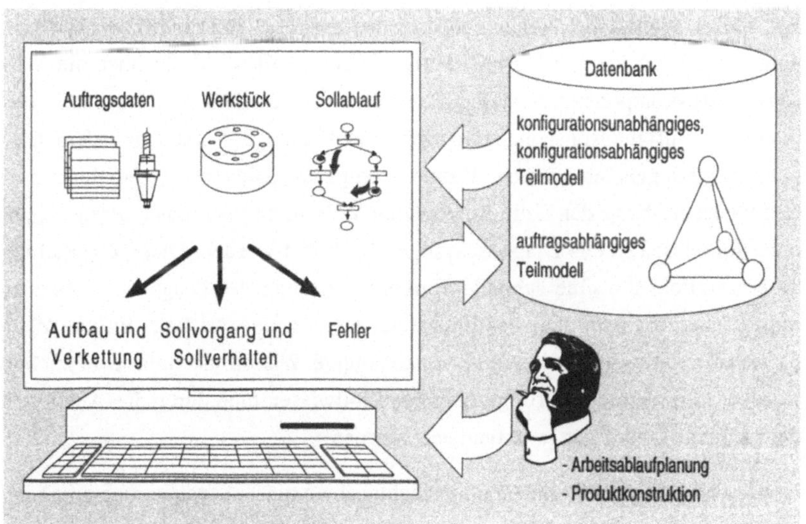

Bild 4.21: Erfassung von auftragsabhängigem Sollwissen

von Produktwissen zur Beschreibung des Aufbaus und der Eigenschaften der zu produzierenden Werkstücke,

- Prozeßwissen über die geplanten Sollvorgänge in der Zelle, das daraus resultierende Sollverhalten der Zellenkomponenten sowie die Zuordnung der Werkstücke zu den entsprechenden Prozeßvorgängen und von

- Wissen über auftragsabhängige Fehlerzusammenhänge.

4.5 Abbildung von Wissen zwischen dem Diagnosemodell und den Diagnosesystemen

4.5.1 Abbildung von Wissen in ein Diagnosesystem

Die Abbildung des diagnoserelevanten Wissens in ein Diagnosesystem bedeutet die Umsetzung dieses Wissens aus dem Kontext des Diagnosemodells in den der systeminternen Modelle der Diagnosesysteme (vgl. Bild 4.3). Diese Umsetzung soll durch eine Funktionsschnittstelle von den Diagnosesystemen zum Diagnosemodell erfolgen.

Um diesen Abbildungsvorgang effizient zu gestalten, soll er in zwei Teilvorgänge unterteilt werden. Im ersten Teilvorgang soll die Zelle über die Wissenserwerbskomponente des Diagnosesystems ausgewählt und das damit verbundene konfigurationsabhängige bzw. -unabhängige Wissen aus dem Diagnosemodell geladen werden. Damit verfügt das Diagnosesystem über eine Grundbeschreibung der Zelle. Im zweiten Teilvorgang soll das auftragsabhängige Sollwissen in das Diagnosesystem abgebildet werden. Diese Zweiteilung ist wesentlich, um eine schnelle Umkonfigurierung der Diagnosesysteme zu ermöglichen. So kann bei der Einlastung eines neuen Auftrags in eine Zelle das konfigurationsabhängige und -unabhängige Wissen als statisch betrachtet werden. Lediglich das auftragsabhängige Sollwissen muß durch das Ausführen des zweiten Teilvorgangs aktualisiert werden.

Ist das Diagnosesystem informationstechnisch an die Zellensteuerung angebunden, so kann die Abbildung des auftragsabhängigen Sollwissens aus dem Diagnosemodell in das systeminterne Modell des Diagnosesystems automatisiert erfolgen. Hierfür muß der Zellenrechner die Kennung des eingelasteten Auftrags an das Diagnosesystem schicken. Eine automatisierte Anpassung des Diagnosesystems an die sich ständig ändernden Randbedingungen in einer flexiblen Produktionszelle wird somit ohne den Eingriff des Bedieners möglich.

4.5.2 Rückfluß von Wissen in das Diagnosemodell

Unter dem Rückfluß von Wissen soll hier die Abbildung von aktuellem Fehlerwissen, das während eines Diagnosevorgangs entstanden ist, in das Diagnosemodell verstanden werden.

Es ist Aufgabe des jeweiligen Diagnosesystems, das aktuelle Fehlerwissen und damit die Fehlernummer, den aktuellen Auftrag, den Zellennamen und den Auftrittszeitpunkt des Fehlers sowie die erfolgten Behebungsmaßnahmen und den -zeitpunkt im Diagnosemodell abzuspeichern. Weiteres Fehlerwissen, wie die Fehlerursache, das fehlerhafte Systemelement, der fehlerhafte Vorgang usw. liegt im Diagnosemodell vor und ist damit indirekt über die Fehlernummer zusätzlich verfügbar (vgl. 4.3.5).

Dieser Rückfluß von Wissen ist wichtig, denn er gibt detaillierten Aufschluß über Ursachen für eine schlechte Verfügbarkeit von Produktionszellen, wie im folgenden verdeutlicht werden soll.

Wird parallel zur Erfassung des aktuellen Fehlerwissens die mittlere Betriebsdauer von Zellenkomponenten bzw. der Zelle (MTBF (engl. mean time between failures)) erfaßt sowie die Zeit, die im Mittel vergeht, bis ein Instandsetzungsvorgang beendet ist (MTTR (engl. mean time to repair)), können innere Verfügbarkeiten ($A^{(i)}$ (engl. availability)) von Komponenten und Zellen gemäß folgender Formel berechnet werden [LANG 92]:

$$A^{(i)} = MTBF/(MTBF+MTTR)$$

Um Schlußfolgerungen aus den ermittelten Verfügbarkeiten zu ziehen, ist es von Interesse, warum die Verfügbarkeit von einzelnen Komponenten oder einer

Zelle schlecht ist. Dies ist jedoch nur möglich, wenn die einzelnen aufgetretenen Fehler im Rahmen des Rückflusses von Wissen erfaßt worden sind.

Von Vorteil ist hier die detaillierte Beschreibung von möglichen Fehlern im Diagnosemodell. Diese ermöglicht nicht nur eine effiziente Lokalisierung von Fehlern im Rahmen der Diagnose, sondern auch in umgekehrter Richtung eine genaue Auswertung der real aufgetretenen Fehler und damit das gezielte Einleiten von Maßnahmen, die ein erneutes Auftreten der Fehler verhindern.

So ist die schlechte Verfügbarkeit einer Komponente aufgrund des häufigen Auftretens eines konfigurationsunabhängigen Fehlers, wie z.B. der Defekt eines Endschalters, für den Hersteller bzw. den Konstrukteur der Komponente von Bedeutung. Dieser Fehler gibt Auskunft über notwendige, konstruktive Verbesserungen der Komponente zur Vermeidung seines erneuten Auftretens. Sind konfigurationsabhängige Fehler Ursache für den häufigen Ausfall einer Komponente bzw. einer Zelle, so ist es Aufgabe der Zellenplanung bzw. der Inbetriebnahme durch Maßnahmen, wie zum Beispiel durch den Austausch von Komponenten, durch Hinzufügen von Überwachungseinrichtungen oder durch Verbesserung der Synchronisation von Komponenten, die Verfügbarkeit von Komponenten bzw. der Zelle zu steigern. Wurden häufig Stillstände einer Komponente durch auftragsabhängige Fehler, wie z.B. fehlerhafte Ablaufprogramme bewirkt, so ist dieses Wissen für die Arbeitsablaufplanung von Bedeutung, um entsprechende Gegenmaßnahmen einzuleiten.

Weiterhin lassen sich basierend auf der Häufigkeit aufgetretener Fehler ihre Gewichtungen für die Auftrittswahrscheinlichkeit aktualisieren. Diese Informationen sind für die Diagnose innerhalb eines Informationskreislaufs wichtig, da Diagnosesysteme in der Regel die Auftrittswahrscheinlichkeit von Fehlern als Regulativ für die anzuwendende Fehlersuchstrategie berücksichtigen.

Erst die genaue Analyse der Fehlerursachen ermöglicht es, detaillierte Schlußfolgerungen aus errechneten Verfügbarkeiten zu ziehen, um so Maßnahmen zur Erhöhung von Verfügbarkeiten einzuleiten. Die Unterscheidung der Fehler in Fehlerarten, ihre detaillierte Ursachenbeschreibung, ihre Verknüpfung mit Objekten im System-, Prozeß- und Produktmodell erlauben die Analyse der aufgetretenen Fehler. Die Abbildung von Wissen in einem zentralen, daten-bankgestützten Diagnosemodell ist Garant dafür, daß verschiedene Bereiche des Produktionsumfelds dieses Wissen nützen können (vgl. Bild 4.22).

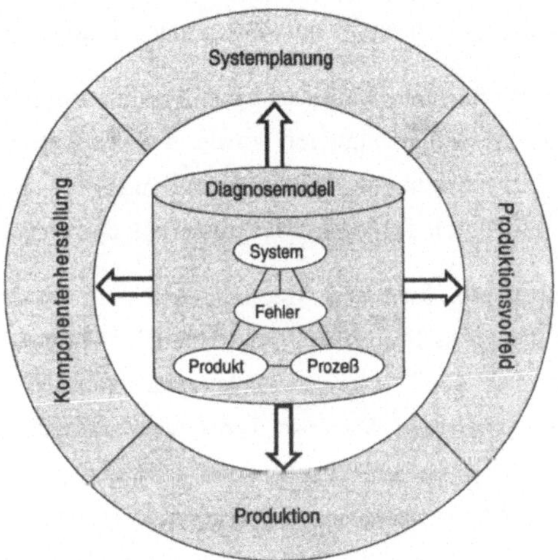

Bild 4.22: Rückfluß von Wissen in das Produktionsumfeld

Treten neue, bislang unbekannte Fehler auf, so können sie manuell über die entsprechende Benutzeroberfläche, z.B. durch den Instandhalter, in das Diagnosemodell eingetragen werden. Dadurch wird sichergestellt, daß bei einem erneuten Auftreten des Fehlers das Diagnosesystem in der Lage ist, den Fehler zu lokalisieren.

4.6 Einsatzmöglichkeiten des Wissenserwerbssystems

Bei einem realen Einsatz des Wissenserwerbssystems muß berücksichtigt werden, daß das Wissen aus der Komponentenherstellung und aus der System-planung und -realisierung in externen Unternehmen vorliegt während das Wissen aus dem Produktionsvorfeld und der Produktion intern im Unternehmen des Anwenders der Produktionszellen entsteht.

Um das Wissenserwerbssystem möglichst effizient einsetzten zu können und damit die bestehenden Potentiale zur Minimierung des Aufwands beim Wissenserwerb möglichst umfassend nutzen zu können, ist es sinnvoll sowohl dem Hersteller bzw. Anbieter einer Produktionszelle als auch dem Anwender jeweils ein Wissenserwerbssystem zur Verfügung zu stellen.

Aufgabe des Herstellers bzw. Anbieters einer Produktionszelle ist die Abbildung des konfigurationsunabhängigen sowie des konfigurationsabhängigen Wissens in das Diagnosemodell. Eine Minimierung des hierfür benötigten Aufwands wird ihm durch folgende Merkmale des Systems ermöglicht:

Durch den entwickelten formalen Mechanismus zum automatisierten Wissenserwerb kann der Hersteller jederzeit Schnittstellenprogramme erstellen und grafisch interaktiv in das Wissenserwerbssystem einbinden. Eine effiziente Nutzung des automatisierten Wissenserwerbs wird dadurch erst möglich. In Frage kommende Systeme für den Erwerb von konfigurationsabhängigem Wissen sind z.B. CAD-Systeme aus der Konstruktion oder speicherprogrammierbare Steuerungen, die auf der Aktor/Sensorebene konfigurationsunabhängige Abläufe in einer Werkzeugmaschine steuern. Für den automatisierten Erwerb von konfigurationsabhängigem Wissen können z.B. Systeme zur Layoutplanung von Produktionszellen verwendet werden.

Der entwickelte Mechanismus zum manuellen Wissenserwerb ermöglicht den Experten beim Hersteller, angefangen in der Konstruktion bis hin zu den Experten in der Inbetriebnahme, Wissen aus vorhandenen Unterlagen zu übertragen bzw. Wissen direkt einzugeben. Anders als bei den bestehenden Ansätzen, bei denen die Wissenserwerbskomponente ein fester Bestandteil der Diagnosesysteme ist, kann hier die Bereitstellung der Benutzerschnittstellen entkoppelt von Diagnosesystemen dezentral vor Ort am Arbeitsplatz der verschiedenen Experten erfolgen. Erst dadurch wird der Wissenserwerb bei einem externen Hersteller und damit zum Zeitpunkt seiner Entstehung möglich. Ein aufwendiges, wiederholtes Eindenken in Problembereiche zu einem späteren Zeitpunkt wird dadurch vermieden. Weiterhin wird durch die unterschiedlichen Benutzerschnittstellen zur Eingabe von konfigurationsunabhängigem und von konfigurationsabhängigem Wissen berücksichtigt, daß die verschiedenen Experten jeweils über unterschiedliches Wissen verfügen. Sie werden daher nur zu Eingabe von Wissen aufgefordert, das in ihrem Bereich vorhanden ist. Durch die Anleitung zur Eingabe von Wissen über das System, den Prozeß und Fehlerzusammenhänge werden die Experten in einer Weise geführt, die deren Vorstellungswelt nahekommt.

Die beiden konzipierten Mechanismen zum automatisierten und zum manuellen Wissenserwerb ermöglichen damit die Minimierung des Aufwands für die Erfassung von Wissen beim Hersteller.

Durch die entwickelte Modellstruktur zur Bereitstellung von konfigurationsunabhängigem und konfigurationsabhängigem Wissen in den getrennten Teilmodellen des Diagnosemodells, kann einmal erstelltes Wissen wiederholt verwendet werden. Denn das Wissen über die Verkettung der Zellenkomponenten innerhalb einer Produktionszelle erfolgt durch die Verknüpfung von Verweisen auf die jeweiligen Komponenten. Lediglich diese verknüpften Verweise werden dann im konfigurationsabhängigen Teilmodell abgelegt und um weiteres konfigurationsabhängiges Wissen ergänzt (vgl. 4.3.3). Dadurch kann im konfigurationsunabhängigen Teilmodell sukzessive eine Bibliothek mit der Beschreibung verschiedener Komponenten angelegt werden. Die dort abgelegten Komponentenbeschreibungen können dann gleichzeitig mehrere Produktionszellen bei unterschiedlichen Anwendern zugeordnet werden.

Um das Wissen des Herstellers dem Anwender in seinem Unternehmen bereitzustellen, muß Wissen über einzelne Komponenten und deren Verkettung innerhalb einer Produktionszelle aus dem Diagnosemodell in Dateien kopiert werden. Dieser Vorgang soll grafisch interaktiv über die bereitgestellten Benutzerschnittstellen für den manuellen Wissenserwerb erfolgen können. Dabei soll das Wissen über Zellenkomponenten bzw. über die Verkettung von Komponenten innerhalb einer Produktionszelle sowohl in das konfigurationsunabhängige bzw. das konfigurationsabhängige Teilmodell in die Datenbank als auch in Dateien abgebildet werden können. Durch die Übergabe dieser Dateien an den Anwender, kann er dieses Wissen über das Menü zum automatisierten Wissenserwerb in sein Diagnosemodell abbilden.

Konzept zur Aufwandsminimierung beim Wissenserwerb für die Diagnose auf Zellenebene

Die oben beschriebenen Möglichkeiten zur Minimierung des Aufwands beim Wissenserwerb stehen auch den Experten im Produktionsvorfeld und in der Produktion beim Anwender der Produktionszelle zur Verfügung:

Auch dort wirken die bereitgestellten formalen Mechanismen für den automatisierten Wissenserwerb aufwandsminimierend. Der automatisierte Erwerb von auftragsabhängigem Sollwissen aus rechnergestützten Systemen im Bereich der Zellenablaufplanung sowie von auftragsabhängigem Istwissen im Bereich der Zellensteuerung wird dadurch möglich.

Im Rahmen des manuellen Wissenserwerbs können die Experten im Produktionsvorfeld, an ihrem Arbeitsplatz, ihr auftragsabhängiges Sollwissen zum Zeitpunkt seiner Entstehung eingeben bzw. bereits automatisiert erworbenes auftragsabhängiges Sollwissen aufwandsminimiert ergänzen. Während der Produktion erworbenes Erfahrungswissen über neu aufgetretene Fehler können sie, je nachdem ob es sich um konfigurationsunabhängige, konfigurationsabhängige oder auftragsabhängige Fehler handelt, über die entsprechende bereichsspezifische Benutzerschnittstelle eingeben.

Schließlich ermöglicht auch hier die Form der Bereitstellung von Wissen in den verschiedenen Teilmodellen, daß Wissen nur einmal erworben werden muß. Konfigurationsunabhängiges Wissen über Komponenten, die in verschiedenen Zellen eingesetzt werden, kann z.B. zeitparallel durch mehrere Diagnosesysteme sowie in jedem einzelnen Diagnosesystem bei jedem Auftrag wiederholt genutzt werden. Konfigurationsabhängiges Wissen kann für jeden neuen Auftrag wiederverwendet werden. Einmal abgelegtes auftragsabhängiges Sollwissen kann gespeichert bleiben und bei einer erneuten Einlastung des Auftrags wieder genutzt werden. Angesichts der großen Menge an benötigtem Diagnosewissen sowie der Notwendigkeit zu seiner ständigen Aktualisierung bildet die Wiederverwendung von Wissen einen wichtigen Beitrag zur Minimierung des Aufwands für den Wissenserwerb.

Von dieser Aufgabenverteilung beim Wissenserwerb zwischen Hersteller und Anwender profitiert jedoch nicht nur der Anwender, der das benötigte konfigurationsunabhängige und konfigurationabhängige Wissen erhält.

So ist der Hersteller bzw. Systemanbieter selbst an einer hohen Verfügbarkeit seiner Komponenten bzw. seiner Produktionszelle beim Anwender interessiert, denn er muß dem Anwender eine hohe Verfügbarkeit seiner Komponenten garantieren. Durch die Bereitstellung seines Wissens wird eine schnelle Fehlerdiagnose in der Produktionszelle des Anwenders ermöglicht, die damit zu einer höheren Verfügbarkeit der Produktionszelle beiträgt.

Zusätzlich kann der Hersteller von den Erfahrungen des Anwenders beim Einsatz der Produktionszelle profitieren. So entsteht während der Produktion durch das Auftreten von Fehlern Wissen über die aktuelle Verfügbarkeit von Zellenkomponenten (vgl 4.5.2). Es entsteht weiterhin Wissen über neue konfigurationsunabhängige und konfigurationsabhänbgige Fehler, die bislang nicht vom Hersteller berücksichtigt wurden und durch den Anwender in das Diagnosemodell eingetragen werden. Sowohl die ermittelten Verfügbarkeiten als auch die neu ermittelten Fehler sind für den Hersteller von Interesse. Ausgehend davon kann er Verbesserungsmaßnahmen an seinen Komponenten sowie an der Auslegung seiner Produktionszellen vornehmen.

Die Übertragung des Wissens vom Anwender in das Diagnosemodell des Herstellers kann über die Abspeicherung seines Wissens in Dateien und der Übermittlung dieser Dateien an den Hersteller erfolgen.

Werden nur wenige einfache Komponenten von einem Hersteller erworben, so kann auch der Anwender selbst das benötigte Wissen über diese Komponenten und deren Integration in eine bereits vorhandene Produktionszelle eingeben. Der Hersteller ist dabei gefordert, den Anwender bei der Durchführung dieser Tätigkeiten beratend sowie durch die Bereitstellung entsprechender Unterlagen zu unterstützen.

Der Einsatz des Wissenserwerbssystems in einer Testumgebung wird in Kapitel 5.5 die hier beschriebenen Vorgänge anhand eines beispielhaften Ablaufs demonstrieren.

4.7 Zusammenfassung

Voraussetzung für den effizienten Einsatz bereits bestehender leistungsfähiger Diagnosesysteme für flexible Produktionszellen ist die Minimierung des hohen Aufwands für den Erwerb des diagnoserelevanten Wissens. Hierfür wurde ein System entwickelt, das durch die Ausnutzung bestehender Potentiale bei der Erfassung von Diagnosewissen aus dem Produktionsumfeld sowie bei seiner Bereitstellung für die Diagnosesysteme die Minimierung des dafür erforderlichen Aufwands erlaubt.

Die konzipierten Mechanismen ermöglichen sowohl automatisiert als auch manuell die aufwandsminimierte Erfassung von Diagnosewissen aus den Wissensquellen im Produktionsumfeld sowohl beim Anbieter als auch beim Anwender einer Produktionszelle.

Das entwickelte Diagnosemodell erlaubt die umfassende Speicherung des Diagnosewissens in getrennten Wissensbereichen sowie deren flexible Verknüpfung untereinander. Wissen kann dadurch flexibel in unterschiedliche Kontexte zueinander gesetzt werden, als Voraussetzung für seine wiederholte Nutzung in verschiedensten Anwendungsfällen. Diese Form der Bereitstellung von Wissen stellt eine weitere wesentliche Maßnahme zur Minimierung des Aufwands beim Wissenserwerb dar.

Durch Schnittstellen zwischen dem Diagnosemodell und den Diagnosesystemen kann sowohl die automatisierte Abbildung von Wissen in die Diagnosesysteme erfolgen als auch umgekehrt die Bereitstellung von aktuellem Diagnosewissen für das Produktionsumfeld ermöglicht werden.

Dieses Konzept macht deutlich, daß die Minimierung des Aufwands für den Wissenserwerb nicht durch die Optimierung der Wissenserwerbskomponenten der einzelnen Diagnosesysteme erreicht werden kann. Es wird vielmehr ein eigenständiges System benötigt, das als Bindeglied zwischen den Diagnosesystemen und den Wissensquellen beim Anbieter sowie beim Anwender von Produktionszellen eingesetzt wird.

5 Realisierung eines Wissenserwerbssystems für die Diagnose auf Zellenebene

5.1 Übersicht

In diesem Kapitel ist die Realisierung eines Wissenserwerbssystems für die Diagnose in flexiblen Produktionszellen dargestellt. Nach der Beschreibung des grundlegenden Aufbaus des Wissenserwerbssystems wird der Vorgang des Wissenserwerbs mit diesem System anhand eines realisierten, beispielhaften Ablaufs in einer Testumgebung demonstriert. Dabei soll gezeigt werden, daß das entwickelte Wissenserwerbssystems geeignet ist, den Aufwand des Wissenserwerbs für die Diagnose auf Zellenebene zu minimieren.

5.2 Systemarchitektur des Wissenserwerbssystems

Den Aufbau des Wissenserwerbssystems DIWA (DIagnoseorientierte Wissens-Akquisition) zeigt Bild 5.1. Den zentralen Baustein des Systems stellt das datenbankgestützte Diagnosemodell dar, das in seiner Eigenschaft als formales Bindeglied zwischen der Diagnose und dem diagnoserelevanten Produktions-umfeld sowie als zentraler Datenspeicher den effizienten Austausch von Wissen ermöglicht. Weiterhin beinhaltet das Wissenserwerbssystem eine grafische Benutzeroberfläche als Kommunikationsschnittstelle zu den verschiedenen Experten des Umfelds. Damit soll sowohl die manuelle Eingabe von Wissen als auch, nach der formalen Einbindung von Schnittstellenprogrammen, die Durchführung eines automatisierten Erwerbs von Wissen aus Datenspeichern rechnergestützter Systeme des Produktionsumfelds ermöglicht werden. Um den Austausch von Wissen zwischen den Diagnosesystemen an den verschiedenen Produktionszellen und dem Diagnosemodell zu ermöglichen, werden die Diagnosesysteme an das datenbankgestützte Diagnosemodell und somit an das Wissenserwerbssystem angebunden.

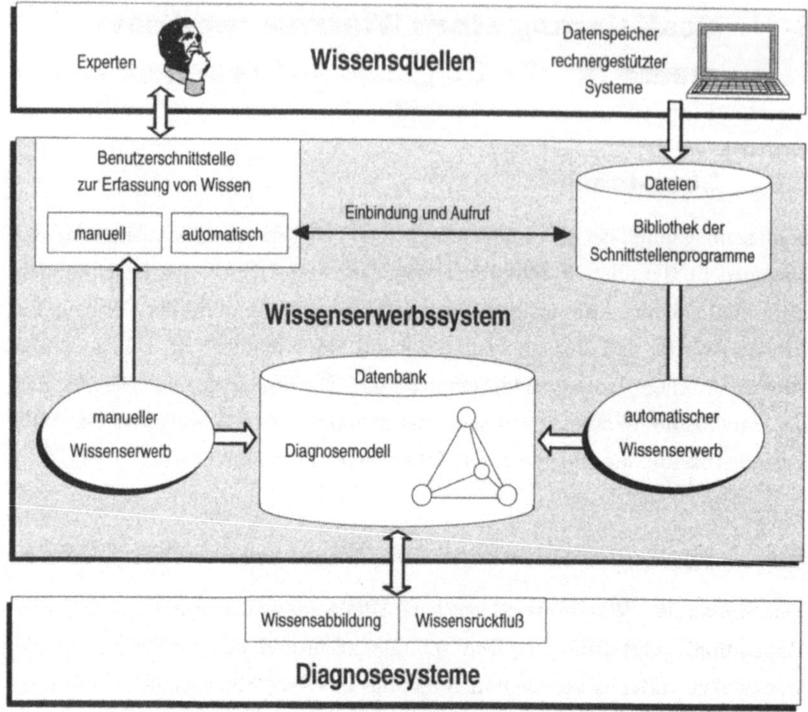

Bild 5.1: Aufbau des Wissenserwerbssystems

5.3 Grundstruktur des datenbankgestützten Diagnosemodells

Relationale Datenbanken haben wegen ihrer Einfachheit und Universalität bisher weite Verbreitung gefunden und eignen sich daher als Standard-Datenbanksysteme für die rechnergeführte Produktion [DITT 89]. Aus diesem Grund wurde für die Implementierung des Diagnosemodells ein relationales Datenbanksystem, die Datenbank Ingres, eingesetzt. Für den Zugriff auf die Datenbank dient die Standard-Abfragesprache SQL (Standard Query Language). Diese Abfragesprache kann mit unterschiedlichen prozeduralen Sprachen, wie z.B. C, Fortran und Pascal verknüpft werden. Da Expertensystemshells ebenfalls über Schnittstellen zu prozeduralen Sprachen verfügen, ist die Bildung einer Schnittstelle auch zu Systemen möglich, die diese Programmierwerkzeuge verwenden. Mit Ingres kann somit die Abbildung von Wissen aus verschiedensten Systemen des Umfelds unabhängig von deren verwendeten Programmiersprache erreicht werden.

Damit das in Kapitel 4 beschriebene Diagnosemodell in das Datenbanksystem Ingres abgebildet werden kann, muß es in eine relationale Repräsentationsform umgesetzt werden. Hierbei werden Datenmengen in Form von Tabellen (Relationen) abgelegt (vgl. Bild 5.2). Die Spalten einer Tabelle kennzeichnen die Attribute einer Relation. Die in den Zeilen einer Tabelle eingetragenen Werte werden als Tupel bezeichnet [REFA 87]. Um eine sinnvolle Datenhaltung (z.B. Vermeidung von Redundanzen und Inkonsistenzen) zu ermöglichen, gibt es Forderungen, die beim Aufbau eines relationalen Datenmodells beachtet werden müssen. Man spricht hierbei von der Normalform, in der sich ein Datenmodell befindet [SCHL 83]. Dabei bedeutet z.B. die Normalform ersten Grades, daß jedes Attribut in einem Tupel nur einmal vorkommen darf. Ein Datenmodell befindet sich in der Normalform zweiten Grades, wenn jedes Attribut voll funktional von einem Schlüsselattribut abhängig ist, das für den Verweis auf Attribute in anderen Relationen benötigt wird, wie z.B. die Meldungsnummer auf die Menge der zugehörigen möglichen Fehler (vgl. Bild 5.2). Eine ausführliche Beschreibung dieser Grundlagen der relationalen Datenhaltung findet sich z.B. in [SCHL 83, ABAR 87, REFA 87, GARD 89].

Meldung				Fehler		
Meldungsnr.	Name	Komponente	...	Meldungsnr.	Name	...
107	keine Verbindung	Sinumerik 8		107	Leitung unterbrochen	
108	Werkzeugbruch	Bruchüberwachung		107	Steuerung offline	
				107	Protokollfehler	

Bild 5.2:   Relationale Datenhaltung

Unter Beachtung dieser Forderungen ergibt sich ein ausgedehntes relationales Datenmodell. Die erstellten Tabellenstrukturen unterteilen sich darin gemäß den in Kapitel 4.3 vorgestellten Teilmodellen, dargestellt in Bild 5.3. Zur Unterscheidung der verschiedenen Teilmodelle wurden den Tabellen zur Speicherung des konfigurationsunabhängigen und des konfigurationsabhängigen Wissens sowie des auftragsabhängigen Soll- und Istwissens die Abkürzungen 'KU', 'KA', 'AS', 'AI' vorangestellt (vgl. Bild 5.3). Dadurch soll klar vorgegeben werden, wo das abzubildende Wissen abgelegt werden muß. Die Vernetzung zwischen den Tabellen innerhalb eines Teilmodells sowie zwischen verschiedenen Teilmodellen erfolgt durch entsprechende Verweise in Form von Schlüsselattributen.

Daten, die nicht in relationaler Form in der Datenbank abgespeichert werden können, sondern in Dateien abgelegt werden müssen, wie z.B. Bilddateien von gescannten Zeichnungen, stehen durch den Eintrag des Dateinamens in eine Tabelle zur Verfügung.

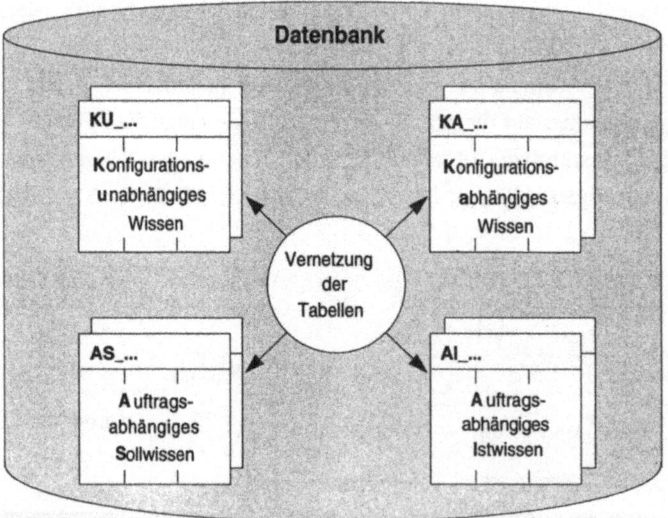

Bild 5.3:   Grundstruktur des Datenbankmodells

5.4 Benutzerschnittstelle

Für die Realisierung der Benutzeroberfläche wurde OSF/Motif sowie die prozedurale Sprache C verwendet. OSF/Motif basiert auf dem Standard für Bedieneroberflächen im Bereich der offenen Systeme X-Window [BRED 91]. Durch die Verwendung von OSF/Motif wird Hardwareunabhängigkeit, Netzwerktransparenz, Mehrprozeßfähigkeit und die Freiheit in der Gestaltung der Bedieneroberflächen gewährleistet. Dadurch wird die Lauffähigkeit der Benutzeroberflächen auf verschiedensten Rechnern der Systeme des Umfelds sowie die Unabhängigkeit vom verwendeten Kommunikationssystem sichergestellt. Dies ist eine wesentliche Voraussetzung für den dezentral verteilten Einsatz der Benutzeroberfläche des Wissenserwerbssystems.

Die hierarchische Menüstruktur der Benutzeroberfläche zeigt Bild 5.4. Sie gliedert sich in die beiden zentralen Menübereiche für den manuellen und den automatisierten Wissenserwerb.

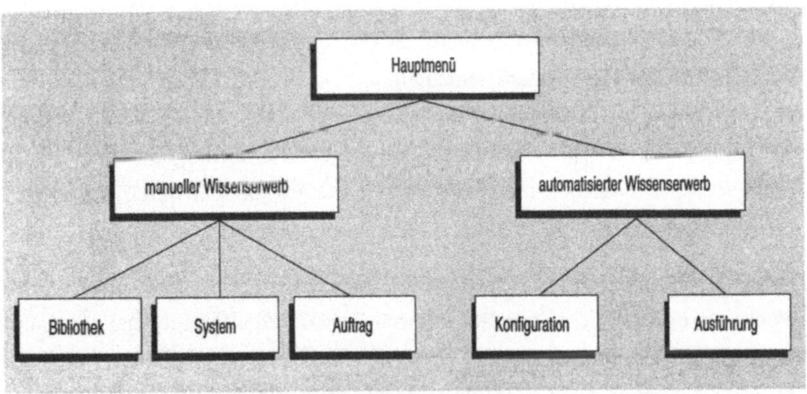

Bild 5.4: Menüstruktur der Benutzeroberfläche

Im Rahmen des manuellen Wissenserwerbs werden durch die Menüs 'Bibliothek', 'System', und 'Auftrag' verschiedene Sichten auf das umfangreiche Diagnosemodell definiert. Dadurch kann, je nachdem ob im Tätigkeitsbereich der verschiedenen Experten konfigurationsunabhängiges Wissen über Komponenten für die Bibliothek, konfigurationsabhängiges Wissen über das System und damit über die Produktionszelle oder auftragsabhängiges Sollwissen über den Auftrag anfällt, das entsprechende Menü angewählt werden. Durch die Integration der verschiedenen Menüs in eine Benutzeroberfläche erhält jeder Experte zugleich die Möglichkeit, sich im Rahmen eines durchgängigen Informationsflusses eine Sicht auf Wissen aus anderen Bereichen zu verschaffen.

In jedem einzelnen Menü werden die jeweiligen Experten bei der Eingabe von Wissen über das System, den Prozeß, über Fehlerzusammenhänge und, soweit für die Diagnose von Bedeutung, über das Produkt geführt. Bereits im Diagnosemodell vorhandenes Wissen wird ihnen dabei zur Auswahl bereitgestellt. So werden z.B. dem Systemplaner im Systemmenü und dem Auftragsablaufplaner im Auftragsmenü die Komponenten aus der Bibliothek als in der Zelle einsetzbare konfigurationsabhängige bzw. auftragsabhängige Zellenkomponenten zur Auswahl angezeigt.

Sind Verweise zwischen Objekten zu erstellen, so werden den Experten die entsprechenden Objekte zur Auswahl bereitgestellt. Beispiele dafür sind die Zuordnung von eingebenen Fehlern zu den entsprechenden Meldungen, zu Prozeßvorgängen, zu Systemelementen usw. oder die Verkettung von Prozeßzuständen mit Vorgängen, Systemelementen usw. Auf diese Weise kann die Eingabe von Wissen vereinfacht und die fehlerhafte Eingabe von Wissen, durch Verweise zwischen nicht existierenden Objekten oder durch Tippfehler, vermieden werden.

Diese Menüs sollen den verschiedenen Experten an ihrem Arbeitsplatz bereitgestellt werden, damit sie parallel zu ihren Tätigkeiten während der Entstehung von Wissen das dabei generierte diagnoserelevante Wissen eingeben können. Die Menüs können aber auch als Wissensquelle verwendet werden. Dies ist z.B. dann von Bedeutung, wenn real aufgetretene Fehler durch die Aktualisierung der Ausfallwahrscheinlichkeiten ausgewertet wurden. Ausgehend davon können sich die Experten über ihr Menü die häufigsten Fehler anzeigen lassen. Dadurch kann z.B. der Systemplaner durch seine Sicht auf die konfigurationsabhängigen Fehler Maßnahmen einleiten, die ein erneutes Auftreten dieser Fehler vermeiden.

Um diagnoserelevantes Wissen aus einer Datei oder einer Datenbank eines rechnergestützten Systems automatisiert erwerben zu können, ist in einem ersten Schritt ein ausführbares Schnittstellenprogramm zu erstellen, das die Übertragung des Wissens in die Tabellen des Diagnosemodells ermöglicht. Der hierfür erforderliche Realisierungsaufwand ist sehr begrenzt, zumal die Grundstruktur der im Rahmen dieser Arbeit realisierten Schnittstellenprogramme (vgl. 5.5) übernommen werden kann. In einem zweiten Schritt muß dieses Programm, wie bereits in Kapitel 4.4.2 beschrieben wurde, in das Menü 'automatisierter Wissenserwerb' eingebunden werden. Die Menüleiste ist dazu in verschiedene Bereiche unterteilt, um den jeweiligen Experten den automatisierten Erwerb von:

- konfigurationsunabhängigem Wissen aus dem Bereich der Komponentenherstellung,

- konfigurationsabhängigem Wissen aus dem Bereich der Systemplanung und der Systemrealisierung,

- auftragsabhängigem Sollwissen aus dem Bereich der Produktkonstruktion und Arbeitsablaufplanung sowie

- auftragsabhängigem Istwissen aus der Produktion zu ermöglichen.

Abhängig davon aus welchem Bereich Wissen automatisiert gewonnen werden soll, kann der Experte durch Anwahl des entsprechenden Menüpunkts im Konfigurationsmenü sein realisiertes Schnittstellenprogramm menügeführt und formal einbinden. Im Ausführungsmenü können Schnittstellenprogramme nach Angabe der benötigten Programmparameter am Arbeitsplatz des jeweiligen Anwenders des Wissenserwerbssystems zum erforderlichen Zeitpunkt gestartet werden.

Die realisierte Benutzerschnittstelle sowie der Vorgang des Wissenserwerbs mit diesem System soll im nächsten Abschnitt demonstriert werden.

5.5 Beispielhafter Ablauf

5.5.1 Übersicht

Basierend auf einem Fallbeispiel für die Diagnose in einer Produktionszelle sollen in diesem Abschnitt die realisierten Mechanismen zum Erwerb von Diagnosewissen aus dem Produktionsumfeld gezeigt und das Zusammenspiel zwischen Diagnose und Wissenserwerb demonstriert werden.

5.5.2 Testumgebung

Als Testumgebung dient eine am iwb aufgebaute flexible Laserzelle (vgl. Bild 5.5). Sie besteht aus zwei kooperierenden Industrierobotern, einem fahrerlosen Transportsystem (FTS), diversen Lastständen, Paletten und einem Greifer-

Bild 5.5:   Laserzelle

bahnhof. In dieser Zelle können Bearbeitungsvorgänge, wie das Schneiden, Schweißen und Härten von Blechteilen, durchgeführt werden. Ein beispielhafter Fehlerfall während der Bearbeitung in dieser Zelle soll als Grundlage zur Demonstration der unterschiedlichen Mechanismen für den Wissenserwerb für die Diagnose dienen.

Um neben dem manuellen Wissenserwerb die vielfältigen Möglichkeiten für einen effizienten automatisierten Wissenserwerb demonstrieren zu können, wurden Schnittstellenprogramme zu unterschiedlichen rechnergestützten Systemen realisiert. Es wurde stellvertretend aus den Bereichen Komponentenherstellung, Systemplanung, Produktionsvorfeld und Produktion jeweils ein rechnergestütztes System beispielhaft ausgewählt. Dabei soll der Zugriff auf Wissen aus diesen Systemen sowohl über Dateien als auch über Datenbanken durchgeführt werden, um die Erfassung von Wissen aus den unterschiedlichen Arten von Datenspeichern zu demonstrieren. Diese Systeme sind in einer Übersicht in Bild 5.6 dargestellt und sollen im folgenden kurz beschrieben werden.

An dieser Stelle sei noch einmal erwähnt, daß aufgrund der großen Vielfalt an unterschiedlichen rechnergestützten Systemen, die in den verschiedenen Unternehmen eingesetzt werden können, eine Bereitstellung von Schnittstellenprogrammen zu allen Systemen vorab nicht möglich ist. Vielmehr muß die Erstellung dieser Programme im Unternehmen vor Ort erfolgen. Umso wichtiger ist daher der entwickelte formale Mechanimus, durch den die Anpassung an ein beliebiges rechnergestütztes System einfach und ohne einen Eingriff in den Quellcode des Wissenserwerbssystems durchgeführt werden kann.

Komponentenkonstruktion

Aus dem Bereich der Komponentenherstellung soll exemplarisch das CAD-System Pro/Engineer als Testumgebung dienen. Dieses System erlaubt das rechnergestützte Konstruieren und Modellieren von komplexen, analytischen sowie freigeformten Volumenteilen.

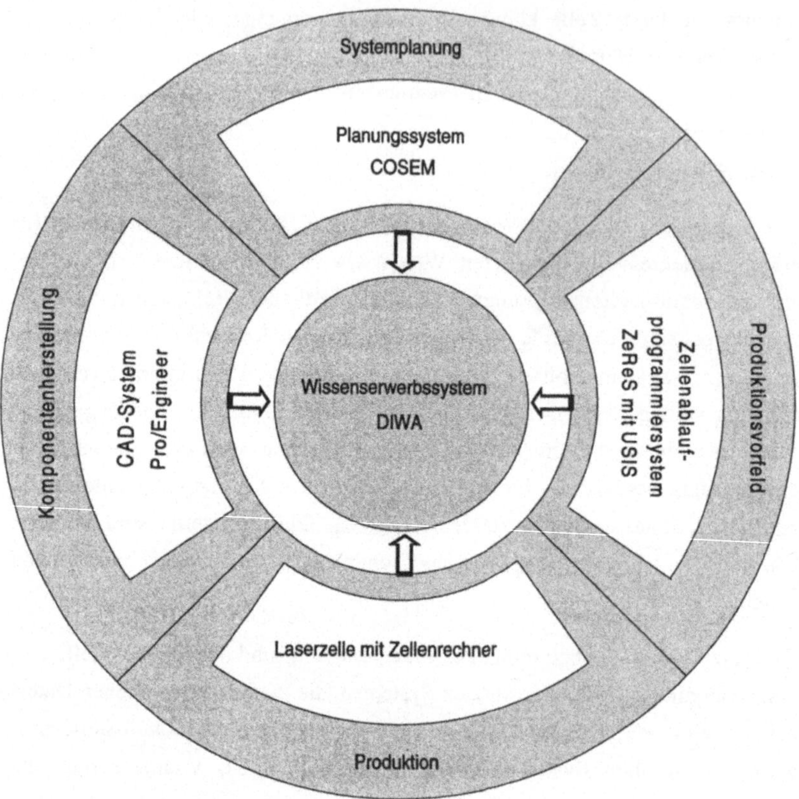

Bild 5.6: Testumgebung für den automatisierten Wissenserwerb

Mit Pro/Engineer wird zudem das Speichern von Konstruktionswissen in verschiedenen Dateien möglich. So können z.B. erstellte Konstruktionszeichnungen in einer Datei abgelegt werden. Dazu zeigt Bild 5.7 die Konstruktionszeichnung eines Laststands, der in der flexiblen Laserzelle eingesetzt wird und als CAD-Datei vorliegt. Nach der Konvertierung dieser Dateien in ein sogenanntes Bitmapformat liegen die Zeichnungen bereit, im Rahmen des manuellen Wissenserwerbs den einzelnen Komponenten zugeordnet zu werden, wie später noch gezeigt werden wird.

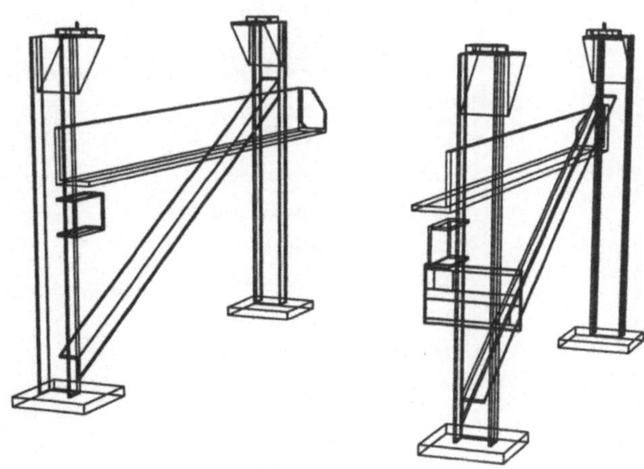

Bild 5.7: Konstruktionszeichnung eines Laststands

Zusätzlich kann der Strukturbaum eines mit Pro/Engineer konstruierten Produkts in einer Datei abgelegt werden. Ein Auszug aus einer solchen Datei zur Speicherung des Strukturbaums eines Laststands verdeutlicht in Bild 5.8 ihren strukturellen Aufbau.

Durch die Abbildung von Strukturbäumen in das Diagnosemodell kann bereits ein wichtiger Teil des diagnoserelevanten Wissens automatisiert gewonnen werden. Hierfür wurde ein Schnittstellenprogramm realisiert, das die Abbildung beliebiger mit Pro/Engineer erstellter Strukturbäume aus den jeweiligen CAD-Dateien in das Diagnosemodell erlaubt. Es muß lediglich der Name der auszulesenden Datei sowie der Typ der konstruierten Komponente als Programmparameter übergeben werden.

Unabhängig davon, ob das CAD-System in der Konstruktionsabteilung eines Maschinenherstellers zur Anwendung kommt und die entsprechenden Dateien auf Diskette dem Wissenserwerbssystem zur Verfügung gestellt werden, oder ob es während der Betriebsmittelkonstruktion zur Konstruktion einer Spannvorrichtung für einen speziellen Auftrag im Unternehmen eingesetzt wird, können Strukturbäume sowie unterstützendes Bildmaterial auf diese Weise automatisiert erworben werden.

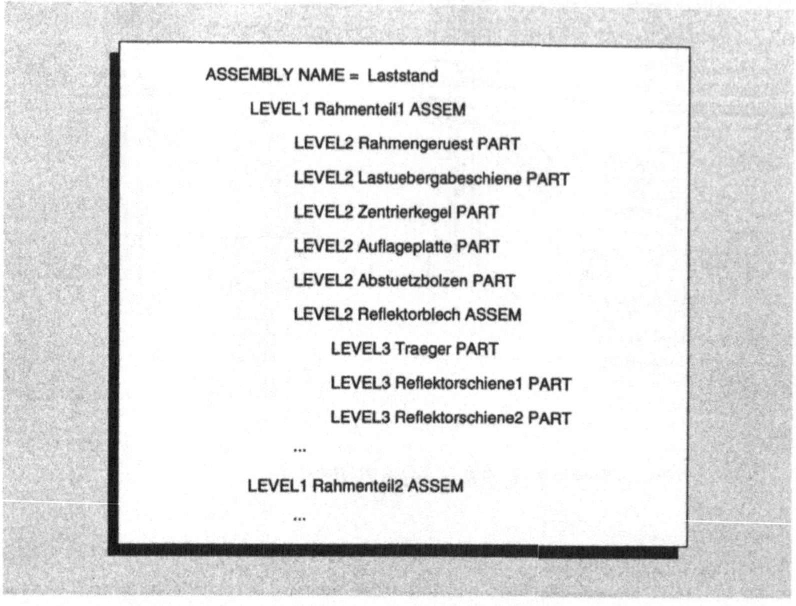

Bild 5.8:   Beispielhafter Ausschnitt eines Strukturbaums von einem Laststand aus einer CAD-Datei

Systemplanung

Als Testumgebung aus dem Bereich der Systemplanung soll das Planungssystem COSEM (COmputergestützte, Strukturierte Entwicklung von Montagesystemen) [SCHU 92] eingesetzt werden. Dabei handelt es sich um ein System, das den Montageplaner bei der Durchführung komplexer Vorhaben im Bereich flexibel automatisierter Montageanlagen unterstützt. Dabei wurde auf die informationstechnische Integration der Planungswerkzeuge sowohl im Bereich der Konstruktion als auch im Bereich der Montageplanung durch Entwicklung eines gemeinsamen Montagemodells besonders Wert gelegt. Dadurch entstehen Schnittstellen zum CAD-System sowie zum 3D-Simulationssystem USIS (Universal SImulation System) [TAUB 90] zur Layoutplanung und zur 3D-Bewegungssimulation. Basierend auf dem Wissen aus der Konstruktion wird das Produkt in einer ersten Phase nach montagegerechten Gesichtspunkten strukturiert. An die folgende Ablaufplanung schließt sich die Komponentenauswahl und die optimale Anordnung der Komponenten an, die durch die Simulation des Montagevorgangs in einer 3D-Simulation verfiziert wird.

Nach der Layoutplanung bildet COSEM die zu einer Zelle gehörenden Komponenten und ihre Verkettung untereinander im Datenbanksystem Ingres ab. Über ein entsprechendes Schnittstellenprogramm kann nun dieses konfigurationsabhängige Wissen aus den Tabellen von COSEM ausgelesen und in das konfigurationsabhängige Teilmodell übertragen werden. Dadurch wird erreicht, daß eine mit COSEM geplante Zellenkonfiguration automatisiert in das Diagnosemodell abgebildet werden kann.

Arbeitsablaufplanung

Das System zur Zellenablaufprogrammierung ZeReS [RAIT 91] erlaubt die Erstellung eines Zellenprogramms mit Hilfe eines graphischen Flußdiagrammeditors. Das erstellte Programm kann anschließend durch Einlastung in den Zellenrechner mittels des 3D-Simulationssystems USIS getestet und optimiert werden. Die Kommunikationsschnittstelle zum Simulationssystem sowie zur realen Zelle basiert auf dem Integrationstool intoCAM [SCHÄ 91]. Dabei handelt es sich um ein Integrationstool für CAM-Applikationen. Aufbauend auf dem Standard zur Fabrikautomatisierung MAP (Manufacturing Automation Protokol), werden über intoCAM umfassende Kommunikationsdienste, wie Programmstart oder Zustandsabfragen definiert. Die Dienste sind lediglich mit den nötigen, anwendungsrelevanten Parametern zu versehen. Endgeräte werden jeweils über Objektmodelle von Maschinen, den sogenannten virtuellen Maschinen, die an die Begleitstandards MMS Companion Standards [ISO 89] angelehnt wurden, eingebunden. So wird dem Entwickler von CAM-Komponenten für jede benötigte Funktionalität ein entsprechender Dienst in intoCAM bereitgestellt. Dem Zellenprogrammierer stehen über intoCAM sämtliche Dienste des CAM-Systems zur Verfügung. Dadurch steht eine formale Schnittstelle zur Steuerungsebene zur Verfügung. Sowohl das Simulationssystem als auch die reale Zelle können dadurch von der Zellensteuerung auf die gleiche Weise angesprochen werden (vgl. Bild 5.9).

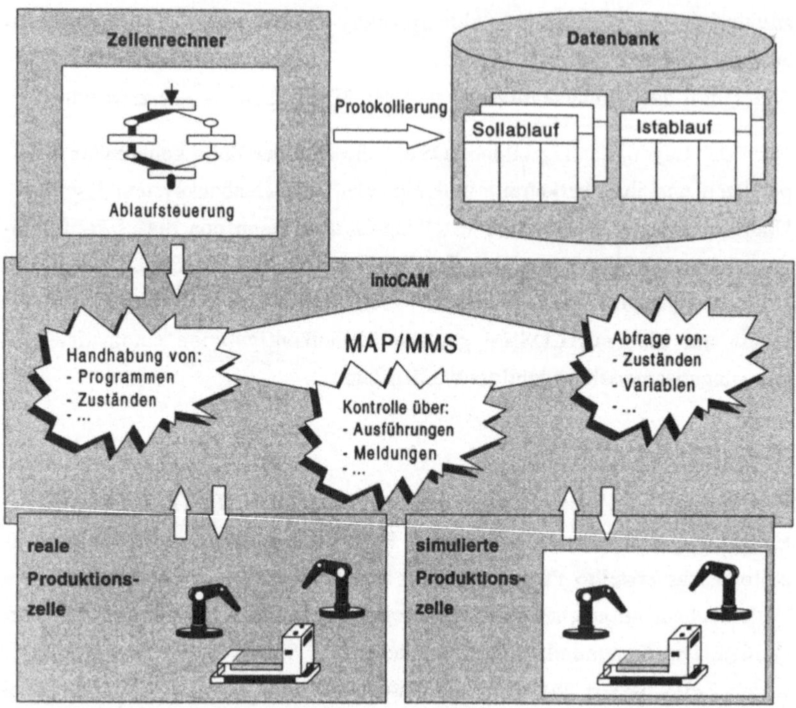

Bild 5.9: Schnittstelle IntoCAM zwischen Zellen- und Steuerungsebene

Durch eine Erweiterung der Ablaufsteuerung sowie der Bedieneroberfläche des Zellenrechners wurde erreicht, daß bereits in der Arbeitsablaufplanung der verifizierte Ablauf während der Simulation protokolliert und in entsprechende Tabellen der Datenbank abgebildet werden kann. Dieses Protokoll des Sollablaufs beinhaltet den Namen des Zellenprogramms und der NC/RC-Programme sowie die schrittweise abgearbeiteten Programmzeilen des Zellenprogramms, dekodiert in einzelne Vorgänge. Weiterhin beinhaltet das Protokoll die den Vorgängen zugeordneten Parameter, die entstandenen Zustandsänderungen, soweit diese von der Steuerung abfragbar sind, und einen Zeitstempel jedes Vorgangs, um die Beziehung von Vorgänger-, Nachfolger- und Parallelvorgängen erstellen zu können. Um diese Ablaufprotokolle aus den Tabellen auszulesen und in das Teilmodell zur Speicherung auftragsabhängigen Sollwissens zu übertragen, wurde ein entsprechendes Schnittstellenprogramm realisiert.

Produktion

Zur Steuerung einer flexiblen Produktionszelle in der Modellfabrik des iwb kann ein Auftrag sowohl durch den Leitrechner als auch grafisch interaktiv durch den Bediener in den Zellenrechner eingelastet und durch dessen Ablaufsteuerung abgearbeitet werden. Als Kommunikationsschnittstelle zwischen Zellenrechner und der Produktionszelle dient intoCAM. Die Protokollierung des Ablaufs in der Zelle läßt sich bei der Ansteuerung der realen Produktionszelle analog zur Erfassung des Sollablaufs durchführen. Mittels eines realisierten Schnittstellenprogramms kann somit auch der reale Ablauf in das Diagnosemodell abgebildet werden, als Basis für den Soll-Ist-Vergleich im Rahmen der Fehlerdiagnose.

Die aus dem Simulationssystem und aus den realen Steuerungen der Zellenkomponenten erfaßbaren Zustände sind derzeit noch begrenzt. So können viele Prozeßzustände aus den Zellenkomponenten lediglich manuell über diverse LED-Anzeigen an der jeweiligen Steuerungen abgelesen werden. Eine entsprechende Erweiterung der realen und simulierten Komponentensteuerungen wäre daher wünschenswert.

Das Expertensystem zur Diagnose auf Zellenebene ZeDiS ist online an den Zellenrechner angekoppelt [SCHÖ 92]. ZeDiS erhält vom Zellenrechner die Fehlermeldungen. Es erfolgt die Fehlerlokalisierung und soweit möglich die Fehlerbehebung sowie das Wiederaufsetzen des Produktionsbetriebs. Dieses System und seine Integration in das Produktionsumfeld des iwb wurde bereits in Kapitel 2.4.3 ausführlich beschrieben (vgl. Bild 2.10). Durch die Realisierung einer entsprechenden Schnittstelle zwischen dem Diagnosesystem und dem Wissenserwerbssystem wird im Anschluß an jede Diagnosesitzung, im Rahmen des Rückflusses von Diagnosewissen, der lokalisierte Fehler und das damit verbundene Diagnosewissen in die Tabelle 'Fehlerauswertung' des Diagnosemodells abgebildet (vgl. Bild 4.15).

5.5.3 Diagnosefall

Die Beschreibung eines Fallbeispiels für den Vorgang der Fehlerdiagnose in der Laserzelle wird in diesem Abschnitt erfolgen. Hierbei wird ausgehend von einer Fehlermeldung, die vom Zellenrechner an das Diagnosesystem ZeDiS gesendet wird, die Lokalisierung und Behebung eines Fehlers gezeigt. Vor dem Hintergrund dieses Fallbeispiels sollen in Kapitel 5.5.4 die realisierten Mechanismen zum effizienten Erwerb des hierfür benötigten Diagnosewissens aus dem Produktionsumfeld mit dem Wissenserwerbssystem demonstriert werden.

Als Testumgebung dient die während der Layoutplanung in USIS nachgebildete (vgl. Bild 5.10) und am iwb aufgebaute Laserzelle (vgl. Bild 5.5). Sie besteht im wesentlichen aus einem Roboter 1 (links), einem Roboter 2 (rechts) und den Lastständen 1 bis 4 (von links nach rechts gezählt), wobei ein

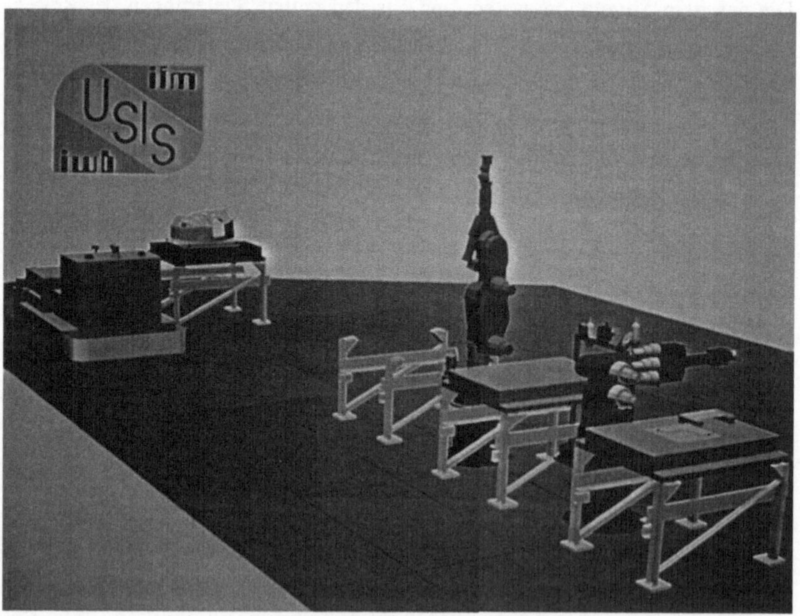

Bild 5.10: In USIS nachgebildete Laserzelle

flexibler Materialfluß durch ein fahrerloses Transportsystem (FTS) ermöglicht wird.

Um das Diagnosesystem ZeDiS an diese Zelle anzupassen, wird das benötigte konfigurationsabhängige bzw. das damit verbundene konfigurationsunabhängige Wissen über die Laserzelle aus dem Diagnosemodell in das systeminterne Modell des Diagnosesystems geladen.

Eine in der Arbeitsablaufplanung erstellte Ablaufvorschrift soll in dieser Laserzelle zu folgendem Ablauf führen (vgl. Bild 5.11):

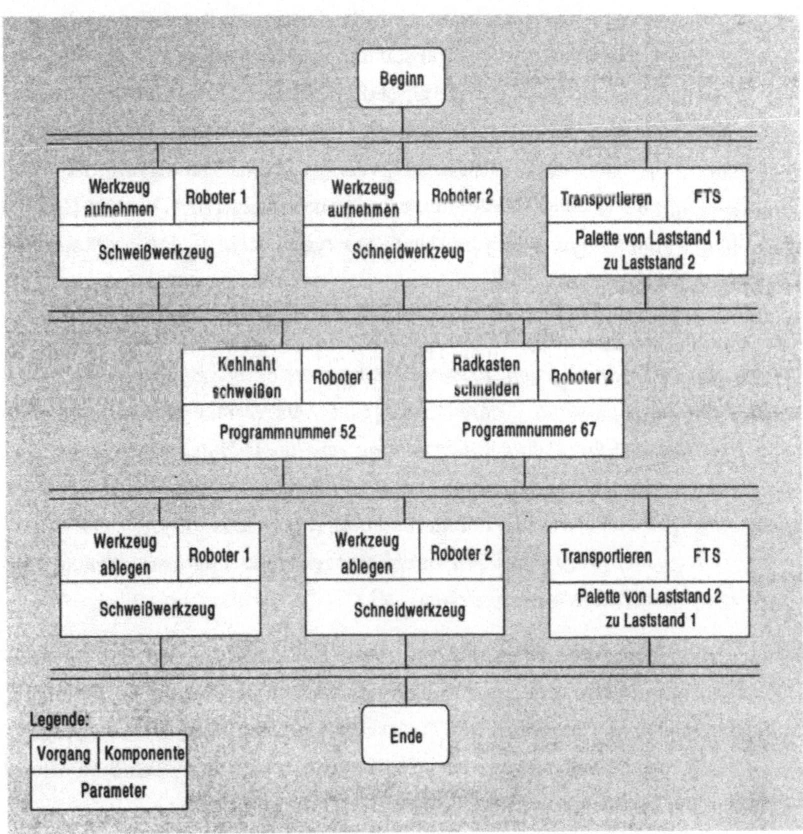

Bild 5.11: Ablaufvorschrift für die Laserzelle

Der Roboter 1 nimmt ein Schweißwerkzeug, der Roboter 2 ein Schneidwerkzeug vom Greiferbahnhof auf. Parallel dazu transportiert das FTS eine Palette vom Laststand 1, die dort von einem Werker komissioniert wurde, zum Laststand 2. Der Roboter 1 beginnt mit Schweißarbeiten an der Kehlnaht eines Werkstücks auf der Palette des Laststands 4. Der Roboter 2 führt Schneidarbeiten an dem in die Zelle eingebrachten Radkasten auf Laststand 2 durch. Sind beide Roboter mit ihren Arbeiten fertig, bringt das fahrerlose Transportsystem die zuvor transportierte Palette wieder auf den Laststand 1 zurück. Die beiden Roboter legen ihre Werkzeuge auf dem Greiferbahnhof ab.

Dieses Wissen über den Sollablauf ist für die Diagnose ebenfalls von Bedeutung. Nach der Abbildung des auftragsabhängigen Sollwissens in das Diagnosesystem ist dieses vorbereitet, im folgenden Fehlerfall zum Einsatz zu kommen: Aufgrund von Wartungsarbeiten am Roboter 2 wurde die Palette von Laststand 3 auf den freien Laststand 2 verlegt. Nach Beendigung der Wartungsarbeiten wurde diese Palette nicht zurückgebracht. Wird der Auftrag nun über den Zellenrechner real eingelastet, so ergibt sich in der Laserzelle der folgende Ablauf:

Die Roboter nehmen ihre Werkzeuge auf. Das FTS sollte parallel dazu die Palette von Laststand 1 zum Laststand 2 transportieren, ist jedoch dazu nicht in der Lage, da Laststand 2 bereits belegt ist. Der Treiber für die Steuerung des FTS schickt daher keine Rückmeldung an die Ablaufsteuerung des Zellenrechners, als Nachweis dafür, daß der Befehl erfolgreich durchgeführt wurde. Statt dessen wird die Fehlermeldung 'Aktionsausführung verweigert' an den Diagnoseprozeß des Zellenrechners geschickt und von dort an das Diagnosesystem ZeDiS weitergeleitet.

Durch den Erhalt der Fehlermeldung vom Zellenrechner wird das Diagnosesystem aktiviert und beginnt mit der Abbildung des Protokolls des realen Ablaufs aus dem Diagnosemodell in das systeminterne Modell des Diagnosesystems. Anschließend werden durch den Schlußfolgerungsmechanismus verschiedene Fehlermöglichkeiten abgeprüft.

Fehlermöglichkeit 1

Der Schlußfolgerungsmechanismus des Diagnosesystems beginnt die Fehlerlokalisierung mit der Untersuchung von möglichen Fehlern, die der Fehlermeldung direkt zugeordnet sind. Es wird daher überprüft, ob die Steuerung des FTS auf Automatikbetrieb geschaltet ist. Wäre sie auf Handbetrieb geschaltet, so könnte der Zellenrechner nicht mit der Steuerung kommunizieren. Dies wäre eine Erklärung, warum der Vorgang des Transportierens einer Palette auf einen anderen Laststand mit Ausgabe dieser Fehlermeldung verweigert wird. In diesem Fall ergibt die Überprüfung dieses Symptoms für einen möglichen Fehler durch den Bediener, daß die Steuerung des FTS auf Automatikbetrieb geschaltet ist. Der mögliche Fehler 'Falsche Betriebsart' trifft nicht zu.

Fehlermöglichkeit 2

Da der Fehlermeldung keine weiteren möglichen Fehler zugeordnet sind überprüft der Schlußfolgerungsmechanismus mögliche Fehler, die dem gestörten Vorgang 'Transportieren' direkt und indirekt über die an dem Vorgang beteiligten Systemelementen zugeordnet sind. Der mögliche Fehler 'Reflektorblech des Laststands nicht korrekt positioniert' ist durch seine Verkettung mit dem Systemelement 'Reflektorblech' indirekt dem Vorgang 'Transportieren' zugeordnet. Der Bediener wird gefragt, ob die Reflektorbleche der Laststände korrekt positioniert wurden, als mögliche Fehlerquelle dafür, daß das FTS den Laststand nicht identifizieren und deshalb den Vorgang 'Transportieren' nicht korrekt durchführen konnte. Dabei wird ihm ein Laststand als grafische Abbildung unterstützend angezeigt. Doch trifft auch diese Fehlermöglichkeit hier nicht zu.

Fehlermöglichkeit 3

Der mögliche Fehler 'Falsche Laststandsbelegung' ist direkt dem Vorgang 'Transportieren' zugeordnet. Der Bediener soll dazu überprüfen, ob die Laststandsbelegung mit einer ihm vom Diagnosesystem angezeigten Abbildung übereinstimmt, dargestellt in Bild 5.12. Diese angezeigte Abbildung stellt ein

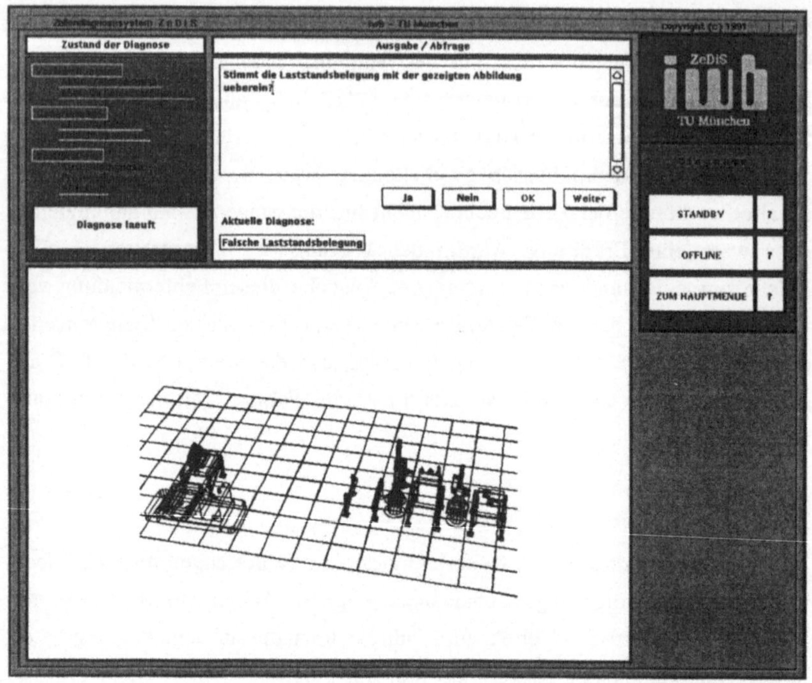

Bild 5.12: Diagnosesystem ZeDiS

visuelles Zustandsabbild der Zelle dar. Es zeigt die Belegung der Laststände an, wie sie zu Beginn des fehlerhaft ausgeführten Vorgangs hätte aussehen sollen. Nach der Durchführung dieses Ist-Soll-Vegleichs wird der Bediener die ihm gestellte Frage verneinen. Als Therapieanweisung wird ihm daraufhin vorgeschlagen über die Bedieneroberfläche des Zellenrechners, die Paletten mittels einer entsprechenden Zellenrechneraktion gemäß den Positionen auf der angezeigten Abbildung zu verfahren und anschließend die Behebung des Fehlers zu quittieren. Das Zellenprogramm wird daraufhin weiter abgearbeitet. Danach führt der Bediener grafisch interaktiv über die Bedieneroberfläche des Diagnosesystems die Abbildung der aktuellen Fehlerdaten in das Diagnosemodell durch.

5.5.4 Vorgang des Wissenserwerbs

Die Beschreibung des umfassenden Erwerbs des diagnoserelevanten Wissens für die Laserzelle ist zu umfangreich, als daß sie hier erfolgen kann. Gegenstand der Betrachtung soll hier der Erwerb von Wissen sein, das eng mit dem oben beschriebenen Fehlerfall zusammenhängt. Demonstriert werden sollen dabei insbesondere:

- die unterschiedlichen Repräsentationsformen und zeitlichen Entstehungsphasen von Wissen sowie die verschiedenen Wissensquellen, aus denen diagnoserelevantes Wissen im Produktionsumfeld gewonnen wird,

- die realisierten Mechanismen bzw. die erstellten Benutzerschnittstellen

- sowie das Zusammenspiel zwischen automatisiertem und manuellem Wissenserwerb.

Fehler 1

Die Überprüfung des Zustands auf Automatikbetrieb ist ein Symptom für einen konfigurationsunabhängigen Fehler, da dieser Fehler unabhängig von der Zelle ist, in der das FTS eingesetzt wird. Dieser Fehler kann aus dem Steuerungshandbuch des FTS entnommen und über das Menü 'Bibliothek' der Meldung 'Aktionsausführung verweigert' zugeordnet werden. Sinnvoll ist es dabei, den Bediener parallel zur Abfrage von nicht automatisiert abprüfbaren Symptomen durch Grafiken zu unterstützen (vgl. Bild 5.13). So wurde vom Bedienfeld der Steuerung des FTS mit einem kommerziellen grafikverarbeitenden System eine Zeichnung angefertigt und dem Fehlersymptom zugewiesen. Die Unterstützung des Bedieners mit Grafiken ist ein sinnvolles Mittel, die Akzeptanz und letztlich auch die Effizienz des Diagnosesystems zu steigern. Die Bereitstellung solcher Zeichnungen auf Diskette durch den Hersteller, der sie teilweise ohnehin für die Dokumentation in den Handbüchern erstellt, wäre daher wünschenswert.

Unabhängig davon in welcher Zelle ein solches FTS eingesetzt wird, ist dieser Fehler damit im Diagnosemodell abgelegt. Dieses einmal erworbene Fehler-

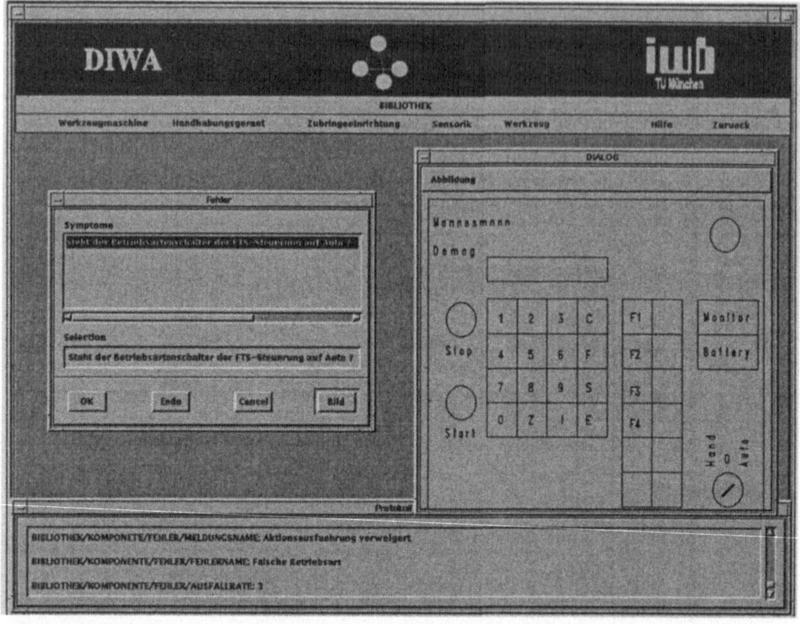

Bild 5.13: Eingabe konfigurationsunabhängigen Fehlerwissens über das Bibliotheksmenü

wissen steht daher allen Diagnosesystemen an Produktionszellen zur Verfügung, in denen ebenfalls ein solches FTS eingesetzt wird.

Fehler 2

In der Modellfabrik des iwb werden Laststände eingesetzt, die mit einem CAD-System am iwb konstruiert wurden. Der dabei erstellte Strukturbaum sowie die Konstruktionszeichnung können vom CAD-System Pro/Engineer in Dateien abgelegt werden. Der Erwerb dieses Wissens ist die Voraussetzung, um den konfigurationsunabhängigen Fehler 'Reflektorblech des Laststands nicht korrekt positioniert' dem Systemelement 'Reflektorblech' zuweisen zu können. Die formale Einbindung des Schnittstellenprogramms zur Abbildung des Strukturbaums aus einer CAD-Datei in das Diagnosemodell während der

Konfigurationsphase (vgl. 4.2.1) schafft die Voraussetzung für den automatisierten Erwerb dieses Wissens. Denn ausgehend davon kann nun dieser Strukturbaum über das Menü 'automatisierter Wissenserwerb' bereits in der Komponentenkonstruktion am Arbeitsplatz des Konstrukteurs automatisiert aus der CAD-Datei in das konfigurationsunabhängige Teilmodell des Diagnosemodells abgebildet werden (vgl. Bild 5.14). Dazu wählt der Konstrukteur in diesem Menü den Menüpunkt 'Bibliothek' an, anschließend den Ausführungsmodus sowie den in der Konfigurationsphase gekennzeichneten Menüpunkt 'CAD-Daten-lesen'. Er erhält dadurch ein Menü, wie in Bild 5.14 angezeigt. Im mittleren Informationsfenster erhält der Konstrukteur eine Handlungsanleitung. Im linken Fenster kann er die CAD-Datei 'LASTSTAND.INF' auswählen und im rechten Fenster die benötigten Parameter angeben. Durch die Anwahl des Menüpunkts 'starten' im Informationsfenster wird der Abbildungsvorgang durchgeführt.

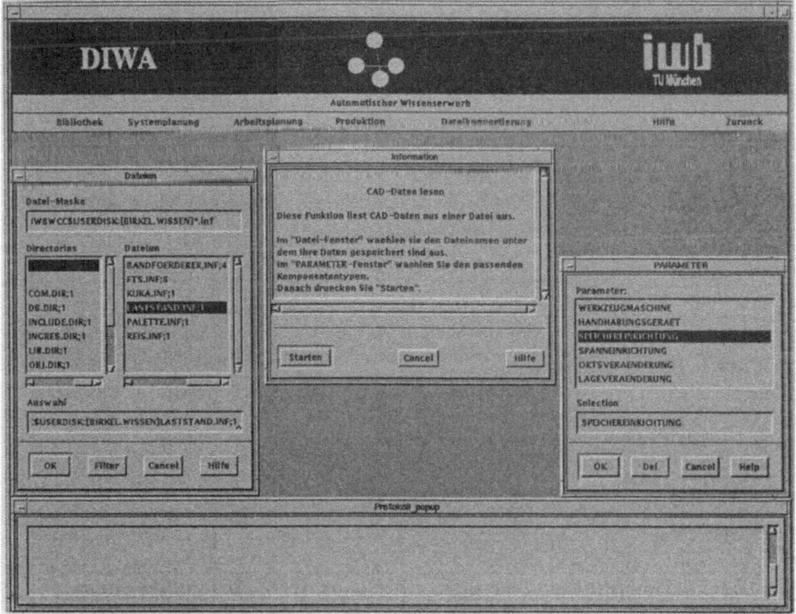

Bild 5.14: Starten des automatisierten Wissenserwerbs

Während der Planung der Zelle mit COSEM wird u.a. das Layout der Zelle erstellt. Aus COSEM können nach erfolgter Zellenplanung die aktuellen Zellenkomponenten der Laserzelle über das Menü 'automatisierter Wissenserwerb' am Arbeitsplatz des Zellenplaners automatisiert in das konfigurationsabhängige Teilmodell des Diagnosemodells abgebildet werden. Damit wird u.a. festgelegt, daß sowohl das FTS als auch der Laststand Komponenten der Laserzelle sind. Basierend darauf kann anschließend der konfigurationsabhängige Zusammenhang zwischen dem Vorgang 'Move' des FTS und dem Systemelement 'Reflektorblech' durch den Zellenplaner oder die Experten in der Inbetriebnahme mit Hilfe des Systemmenüs an ihrem Arbeitsplatz hergestellt werden (vgl. Bild 5.15). Denn hier wird festgelegt, daß der Vorgang 'Move' des FTS dazu führen soll, Paletten zwischen den Lastständen zu transportieren.

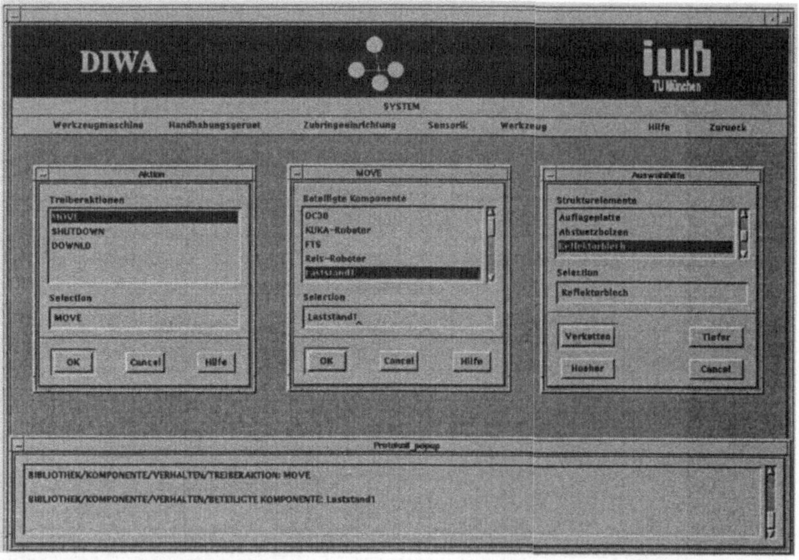

Bild 5.15: Konfigurationsabhängige Verkettung von Zellenkomponenten im Systemmenü

Dadurch wurde es möglich, daß das Diagnosesystem ausgehend von dem als fehlerhaft gemeldeten Vorgang 'Move' über das damit verbundene Systemelement 'Reflektorblech' die Abfrage des zugehörigen konfigurationsunabhängigen Fehlers durchführen konnte.

Basierend auf automatisiert erworbenem Wissen über die Struktur der Zelle konnte damit konfigurationsabhängiges Diagnosewissen bereits während der Zellenplanung erstellt werden. Er steht damit für alle Aufträge, die in dieser Zelle abgearbeitet werden, als relevantes Wissen über diesen Fehlerzusammenhang zur Verfügung.

Fehler 3

Der Fehler der falschen Laststandsbelegung in der Zelle ist auftragsabhängig, da erst in der Arbeitsplanung festgelegt wird, wie die Laststände im Ablauf dynamisch zu belegen sind. Dieser Ablauf wird in der Arbeitsablaufplanung mit ZeReS erstellt, in den Zellenrechner eingelastet und in USIS simuliert. Nach erfolgter Verifizierung des Ablaufs kann nach Anwahl einer entsprechenden Option in der Bedieneroberfläche des Zellenrechners der gesamte Ablauf in eigens dafür erstellten Tabellen in der Datenbank abgelegt werden. Über das Menü 'automatisierter Wissenserwerb' kann der Arbeitsablaufplaner an seinem Arbeitsplatz anschließend den Sollablauf automatisiert in das Diagnosemodell abbilden.

Für die Eingabe des erforderlichen Fehlerwissens kann sich der Arbeitsablaufplaner das Ablaufprotokoll im Menü 'Auftrag' anzeigen lassen. Da sich dem Vorgang 'Move' keine automatisiert abfragbaren Zustände zuordnen lassen, erstellt der Ablaufplaner 'visuelle Zustandsbilder' aus dem Simulationssystem über eine entsprechende Option in der Bedieneroberfläche des Simulationssystems USIS. Diese Zustandsbilder halten die Laststandsbelegung nach jedem durchgeführten Bewegungsvorgang des FTS fest. Anschließend ordnet der Arbeitsablaufplaner diese Zustandsbilder jeweils den verschiedenen im Ablauf vorkommenden Vorgängen 'Move' als Symptom für einen möglichen Fehler zu (vgl. Bild 5.16). Als Therapie gibt er die Anweisung ein, die Paletten gemäß dieser Abbildung zu verfahren und die Behebung des Fehlers zu quittieren.

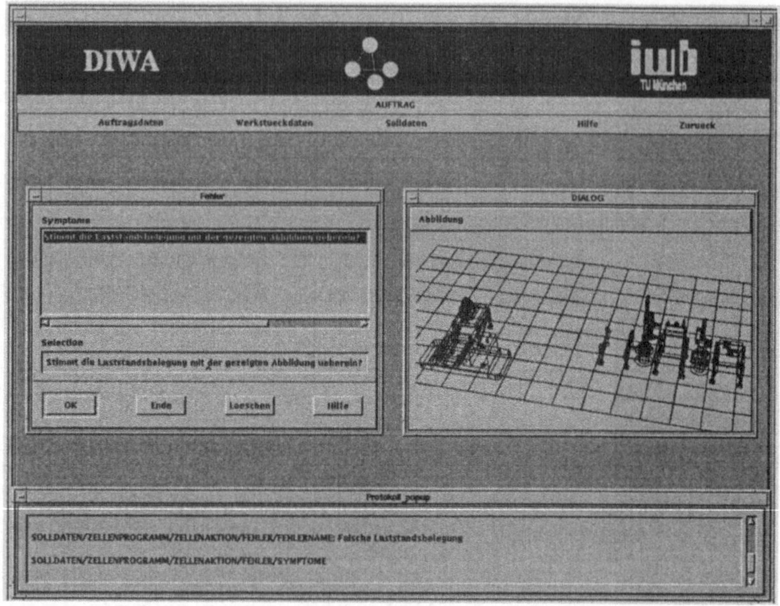

Bild 5.16: Eingabe auftragsabhängigen Fehlerwissens in der Arbeitsablauf-
planung

Auf diese Weise kann der Arbeitsplaner an seinem Arbeitsplatz bei der Erstellung des Sollablaufs das zur Diagnose dieses Fehlers notwendige Prozeßwissen automatisiert in das Diagnosemodell abbilden und um das benötigte
explizite Fehlerwissen manuell erweitern.

5.5.5 Diskussion

Der beispielhafte Ablauf hat das Zusammenspiel von Wissenserwerb und
Diagnose gezeigt. Der Vorgang des Erwerbs von Wissen an seinen Entste-
hungsorten unabhängig von seiner Repräsentationsform, in der es in den
Wissensquellen im Umfeld vorliegt, wurde deutlich. Zusätzlich wurde das
Wechselspiel zwischen automatisiertem und manuellem Wissenserwerb de-
monstriert.

Es wurde gezeigt, daß diagnoserelevantes Wissen über das System und den Prozeß teilweise automatisiert und damit sehr effizient erworben werden kann. Dieses Wissen wird bereits in den verschiedenen Bereichen des Produktionsumfelds benötigt und mit den dort eingesetzten CAD-Systemen, CAP-Systemen, Zellensteuerungssystemen, usw. erstellt. Rechnergestützte Systeme zur Konstruktions- und Prozeß-FMEA würden grundsätzlich den automatisierten Erwerb von explizitem Fehlerwissen erlauben. Doch werden diese Systeme bislang wenig industriell eingesetzt [LAAK 92]. Umso wichtiger sind daher die bereitgestellten bereichsspezifischen Benutzoberflächen für die manuelle Erfassung von Wissen. Diese ermöglichen die grafisch interaktive Eingabe bzw. Ergänzung automatisiert erworbenen Wissens zum Zeitpunkt seiner Entstehung.

Durch die Bereitstellung des erfaßten Wissens in den flexiblen Modellstrukturen des zentralen Diagnosemodells wird die Nutzung einmal erworbenen Wissens sowohl zeitparallel durch Diagnosesysteme in unterschiedlichen Produktionszellen als auch bei verschiedenen Aufträgen wiederholt möglich.

Das entwickelte Wissenserwerbssystem ermöglicht damit die Ausnutzung der bestehenden Potentiale für eine optimale Erfassung sowie eine optimale Bereitstellung von Wissen gemäß den in Kapitel 3.5 gestellten Anforderungen, als Voraussetzung für die Minimierung des Aufwands beim Wissenserwerb für die Diagnose in flexiblen Produktionszellen.

6 Zusammenfassung und Ausblick

Die steigende Komplexität flexibler Produktionsanlagen führt tendenziell zu einem Absinken ihrer Verfügbarkeit. Der Einsatz leistungsfähiger wissensbasierter Diagnosesysteme in den Produktionszellen dieser Anlagen ist ein Weg, diesem Trend entgegenzuwirken. Kennzeichnend für diese Systeme ist, daß sie durch die Abbildung des diagnoserelevanten Wissens in systeminterne, formale Modellstrukturen an verschiedenste Produktionszellen anpaßbar sind. Ihr effizienter Einsatz wird jedoch bislang durch den hohen Aufwand für den Erwerb des diagnoserelevanten Wissens verhindert. Dieser Aufwand wird offensichtlich, wenn man bedenkt, daß sowohl das Wissen über das System und damit über den Aufbau und die Eigenschaften von Produktionszellen, das Wissen über den Prozeß und das Produkt als auch das Wissen über Fehlerzusammenhänge diagnoserelevant ist und für jedes einzelne Diagnosesystem an den verschiedenen Produktionszellen zu erwerben ist. Zusätzlich ist zu berücksichtigen, daß das diagnoserelevante Wissen einem zeitlichen Wandel unterworfen ist. Der Wissenserwerb beschränkt sich daher nicht auf einen einmaligen Vorgang, sondern muß ständig wiederholt werden.

Vor diesem Hintergrund war es Ziel dieser Arbeit, durch eine effiziente Nutzung und Aufbereitung des im Produktionsumfeld vorhandenen Wissens, den Aufwand des Wissenserwerbs für die Diagnose in Produktionszellen zu minimieren.

Grundlage dafür war die Analyse des Entstehungsorts und -zeitpunkts sowie der unterschiedlichen Repräsentationsformen diagnoserelevanten Wissens im Produktionsumfeld. Dabei wurde deutlich, daß Diagnosewissen sowohl in der Komponentenherstellung, der Systemplanung und -realisierung beim Anbieter von Produktionszellen als auch in der Arbeitsablaufplanung, Produktkonstruktion und in der Produktion beim Anwender entsteht. Es liegt dort in Form von Expertenwissen, in Form von Unterlagen sowie in Datenspeichern rechnergestützter Systeme vor, die in diesen Bereichen zum Einsatz kommen.

Eine Minimierung des Aufwands für den Wissenserwerb erfordert daher Mechanismen zur effizienten Erfassung von Diagnosewissen aus unterschiedlichen Wissensquellen zu unterschiedlichen Zeiten und Orten sowohl beim Anbieter der Produktionszelle als auch bei ihrem Anwender. Hierfür sind Schnittstellen erforderlich, die optimal an die jeweiligen Wissensquellen angepaßt sind.

Zur manuellen Erfassung von Expertenwissen wurden daher dezentral verteilte Benutzerschnittstellen entwickelt, die den verschiedenen Experten eine spezifische Sicht auf genau das Wissen bieten, das in ihrem Bereich von Bedeutung ist. Diese Schnittstellen werden den Experten an ihrem Arbeitsplatz bereitgestellt, damit sie vorhandenes Wissen genau dann menügeführt zur Verfügung stellen können, wenn sie es im Laufe ihrer Tätigkeiten erstellen.

Die Erfassung von Wissen aus Datenspeichern rechnergestützter Systeme erlaubt den automatisierten Erwerb von Diagnosewissen. Ziel darf hier jedoch nicht die starre Kopplung der Diagnosesysteme mit einigen ausgewählten, rechnergestützten Systemen des Umfelds sein. Vielmehr muß die Möglichkeit zur Nutzung des Wissens aus unterschiedlichsten Systemen geschaffen werden. Hierfür wurde ein Mechanismus entwickelt, der den Erwerb von Wissen aus den Systemen des Umfelds durch eine einfache, formale Anpassung an diese Systeme jederzeit erlaubt. Um den Vorgang des automatisierten Wissenserwerbs zum erforderlichen Zeitpunkt auslösen zu können, wurden Benutzerschnittstellen entwickelt, die den jeweiligen Experten an ihrem Arbeitsplatz bereitgestellt werden. Ein effizienter Einsatz des automatisierten Wissenserwerbs wird durch diesen formalen Ansatz erst möglich.

Um dem Ziel der Minimierung des Aufwands für den Wissenserwerb entsprechen zu können, ist eine effiziente Erfassung von Wissen allein nicht ausreichend. Zugleich muß die wiederholte Erfassung von Wissen vermieden werden.

Hierfür wurde ein datenbankgestütztes Diagnosemodell entwickelt, das als Bindeglied zwischen dem Produktionsumfeld und den Diagnosesystemen an den Produktionszellen die zentrale Bereitstellung von Wissen erlaubt. Zur umfassenden Speicherung des Diagnosewissens verfügt es über hierarchische

Strukturen zur Abbildung von Wissen über das System, den Prozeß, das Produkt und über Fehlerzusammenhänge. Diesen Grundstrukturen ist zusätzlich eine Struktur zur getrennten Speicherung von konfigurationsunabhängigem und konfigurationsabhängigem Wissen sowie von auftragsabhängigem Soll- und Istwissen überlagert. Diese Strukturen sind die Voraussetzung für die mehrfache Nutzung einmal erfaßten Wissens zeitparallel durch mehrere Diagnosesysteme. Sie sind weiterhin die Voraussetzung für die wiederholte Nutzung von Wissen zu verschiedenen Zeiten. Denn sie berücksichtigt, daß sich durch zeitlich ändernde Randbedingungen in der Produktion nur bestimmte Bereiche des Diagnosewissens ändern, andere Bereiche aber als statisch betrachtet und deshalb wiederholt verwendet werden können. Angesichts der großen Menge an benötigtem Diagnosewissen sowie der Notwendigkeit zu seiner ständigen Aktualisierung bildet diese Wiederverwendung von Wissen einen wichtigen Beitrag zur Minimierung des Aufwands beim Wissenserwerb.

Schließlich wird durch die Abbildung von aktuellem Diagnosewissen in entsprechende Modellbereiche des Diagnosemodells der Rückfluß von Wissen in das Produktionsumfeld möglich. Experten aus den unterschiedlichen Bereichen können dadurch an ihrem Arbeitsplatz über ihre Benutzerschnittstelle detaillierte Informationen über real aufgetretende Fehler erhalten. Sie können ausgehend davon Maßnahmen einleiten, die ein erneutes Auftreten der Fehler verhindern.

Diese Ausführungen zeigen, daß das Wissenserwerbssystem nicht als Komponente eines wissensbasierten Diagnosesystems realisiert werden darf, sondern als eigenständiges, von den Diagnosesystemen entkoppeltes System existieren muß. Es soll sowohl dem Anbieter von Produktionszellen als auch deren Anwendern für den Erwerb von Wissen bereitgestellt werden. Bei dieser Aufgabenverteilung kann der Anwender das bereitgestellte Wissen des Anbieters zur Diagnose nutzen und damit eine höhere Verfügbarkeit seiner Produktionszelle erreichen. Der Anbieter kann das Erfahrungswissen des Anwenders mit der Produktionszelle im Rahmen des Rückflusses von aktuellem Diagnosewissen nutzen.

Nach der Realisierung des Wissenserwerbssystems sowie von Schnittstellenprogrammen zu unterschiedlichen rechnergestützten Systemen und zu einem Diagnosesystem, konnte das Konzept anhand von beispielhaften Abläufen in einer Testumgebung verifiziert werden. Es wurde deutlich gemacht, daß das hier entwickelte System durch Ausnutzung der bestehenden Potentiale die Minimierung des Aufwands für den Wissenserwerb ermöglicht. Es bildet damit die Voraussetzung für einen wirtschaftlicheren Einsatz von Diagnosesystemen in Produktionszellen.

Das Problem des hohen Aufwands für den Wissenserwerb beschränkt sich nicht nur auf das Anwendungsgebiet der Diagnose, sondern besteht ebenso für andere Anwendungen im Produktionsumfeld. So benötigen z.B. wissensbasierte Systeme in der Konstruktion, der Zellen- und der Arbeitsablaufplanung ebenso wie die Diagnose Wissen aus ihrem Produktionsumfeld. Ziel weiterer Arbeiten muß daher die Entwicklung eines Wissenserwerbssystems sein, das auch diesen Systemen den effizienten Erwerb von Wissen ermöglicht.

Denkbar wäre die Übertragung des in dieser Arbeit entwickelten Ansatzes der zentralen Bereitstellung von Wissen in einem datenbankgestützten Modell, das die verschiedenen zeitlichen Entstehungsphasen von Wissen im Produktionsumfeld berücksichtigt, sowie der Bereitstellung von Mechanismen zur formalen Anpassung an rechnergestützte Systeme und zur dezentral verteilten Erfassung von Wissen aus dem Produktionsumfeld über entsprechend ausgelegte Benutzerschnittstellen.

Ein solches System kann den umfassenden Austausch von Produktionswissen ermöglichen. Einmal erstelltes Wissen kann bereits zum Zeitpunkt seiner Entstehung verfügbar gemacht und von unterschiedlichsten Anwendungen jederzeit genutzt werden. Es bildet damit die Voraussetzung für die effiziente Unterstützung von Experten mit aktuellem Wissen und ermöglicht den wirtschaftlicheren Einsatz wissensbasierter Systeme im Unternehmen.

7   Literaturverzeichnis

[ABAR 87]   Abarbanel R.M., Williams M.D.: A Relational Representation for Knowledge Bases. In: Expert Database Systems, The Benjamin/Cummings Publishing Company, 1987, S.191-205.

[AWK 90]   AWK, Aachener Werkzeugmaschinen-Kolloquium, Weck M. et. al. (Hrsg.): Wettbewerbsfaktor Produktionstechnik. VDI Verlag, Düsseldorf, 1990, S.393-435.

[BART 89]   Bartl R.: Wissenserwerb für Expertensysteme: Entwicklung praxisrelevanter Methoden und rechnerunterstützter Entwurfswerkzeuge. Automatisierungstechnische Praxis atp, 31 (1989), Nr. 7, S.315-322.

[BART 90]   Bartl R.: Datenmodell gestützte Wissensverarbeitung zur Diagnose- und Informationsunterstützung in technischen Systemen. wbk Forschungsberichte Bd. 30, WBK, Karlsruhe, 1990. - Dissertation Universität Karlsruhe.

[BIRK 91]   Birkel G., Schönecker W.: Rechnergestützte Diagnose in flexiblen Produktionszellen. In: Die neue Fabrik, Moderne Industrie, Landsberg, 1991, S.86-89.

[BRED 91]   Brede H-J., Josuttis N., Lemberg S., Lörke A.: Programmieren mit OSF/Motif. Addison-Wesley, 1991.

[BULL 89]   Bullinger H.-J., Fähnrich K.-P., Kurz E.: Expertensysteme in der Produktion - Erfahrungen mit Planungs- und Diagnosesystemen. VDI-Z 131 (1989), Nr. 10, S.12-17.

[DITT 89]   Dittmer H., Lampkemeyer U.: Relationale Datenbanken - Kern der rechnerintegrierten Produktion. CIM-Management, 6/89, S.34-39.

[EDER 91] Eder T., Glas H.: Offenes und modulares CAM-System. In: Die neue Fabrik, Moderne Industrie, Landsberg, 1991, S.74-78.

[EVER 89] Eversheim W.: Organisation in der Produktionstechnik. Bd. 3, Arbeitsvorbereitung, VDI Verlag, Düsseldorf, 1989.

[FÄHN 90] Fähnrich K-P.: Ein System zur wissensbasierten Diagnose an CNC-Werkzeugmaschinen durch den Maschinenbediener. IPA-IAO Forschung und Praxis Bd. 148, Springer Verlag, Berlin, 1990. - Dissertation Universität Stuttgart.

[FAUP 92] Faupel B.: Ein modellbasiertes Akquisitionssystem für technische Diagnosesysteme. Aachen, 1992. - Dissertation RWTH Aachen.

[GARD 89] Gardarin G., Valduriez P.: Relational Databases and Knowledge Bases. Addison-Wesley, 1989.

[GLAS 93] Glas J.: Standardisierter Aufbau anwendungsspezifischer Zellenrechnersoftware. iwb Forschungsberichte Bd. 61, Springer Verlag, Berlin, 1993. - Dissertation TU München.

[GÖBL 87] Göbler T., Specht D.: Entwicklungsschritte zum Expertensystem prototypen. ZwF 82 (1987), Nr. 3, S.118-121.

[GROH 88] Groha A.: Universelles Zellenrechnerkonzept für flexible Fertigungssysteme. iwb Forschungsberichte Bd. 14, Springer Verlag, Berlin, 1988. - Dissertation TU München.

[HÄRD 88] Härdtner G.: Diagnose in flexiblen Fertigungssystemen. VDI Bildungswerk 9120, VDI Verlag, Düsseldorf, 1988.

[HÄRD 92] Härdtner G.: Wissensstrukturierung in Diagnoseexpertensystemen für Fertigungseinrichtungen. ISW Forschungsberichte Bd. 93, Springer Verlag, Berlin, 1992. - Dissertation Universität Stuttgart.

[HAKE 91]   Hake F.: Entwicklung eines rechnergestützten Diagnosesystems für automatisierte Montagezellen. Fertigungstechnik-Erlangen Bd.16, Carl Hanser Verlag, München, 1991. - Dissertation Universität Erlangen-Nürnberg.

[HART 91]   Hartberger H.: Wissensbasierte Simulation komplexer Produktionssysteme. iwb Forschungsberichte Bd. 32, Springer Verlag, München, 1991. - Dissertation TU München.

[HELD 90a] Held H.-J.: Verfügbarkeitssteigerung von Produktionseinrichtungen durch wissensbasierte Fehleranalyse. Automatisierungstechnische Praxis atp 32 (1990), Nr. 5, S.248-257.

[Held 90b] Held H.-J., Feller H., Jüttner G.: GENOA - Wissensbasiertes Generieren und Optimieren von Arbeitsplänen. wt Werkstatttechnik 80 (1990), Nr. 10, S.520-524.

[HELM 92]   Helml H.J.: Ein Verfahren zur on-line Fehlererkennung und Diagnose. iwb Forschungsberichte Bd. 53, Springer Verlag, München, 1992. - Dissertation TU München.

[HOFM 90]   Hofmann P.: Fehlerbehandlung in Flexiblen Fertigungssystemen: eine Einführung für Hersteller und Anwender. Fertigungstechnik-Erlangen, Carl Hanser Verlag, München, 1990. - Dissertation Universität Erlangen-Nürnberg.

[ISER 92]   Isermann R., Freyermuth B., Xiaoshan H.: Fehler früh erkennen in elektromechanischen Antrieben. Maschinenmarkt, 1992, Nr. 20, S.96-100.

[ISO 86]   N.N.: The Ottawa Report on Reference Models for Manufacturing Standards. Version 1.1, ISO TC 184/SC5/WG1 (Hrsg.), Document N51/1986.

[ISO 89]   N.N.: Numerical Control Message Specification - a Companion Standard to ISO 9506/1 + 2, ISO 9506/4. Version 31.3.1989.

[JACO 91]   Jacobi H., Wincheringer W.: Ist die Zeit reif? Marktanalyse: Realität von Expertensystemen im IH-Bereich. Instandhaltung, April 1991, S.16-18.

[KAHL 93]   Kahlenberg R.: Einbindung qualitätssichernder Maßnahmen in den CAM-Bereich. AIF-Bericht 12Q, Hrsg.: Verein Deutscher Werkzeugmaschinenenfabriken e.V., Frankfurt, 1993.

[KARB 90]   Kahrbach W., Listner M.: Wissensakquisition für Expertensysteme. Carl Hanser Verlag, München, 1990.

[KIRA 89]   Kiratli G.: Konzept und Realisierung eines wissensbasierten Systems zur Diagnose und Bedienerunterstützung bei komplexen Fertigungseinrichtungen. Aachen, 1989. - Dissertation RWTH Aachen.

[KOEP 90]   Koepfer T., Schrüfer N.: Simulation mit Cosima. VDI-Z 132 (1990), Nr.4, S.18-25.

[KOEP 91]   Koepfer T.: 3D-graphisch-interaktive Arbeitsplanung - ein Ansatz zur Aufhebung der Arbeitsteilung. iwb Forschungsberichte Bd. 40, Springer Verlag, Berlin, 1991. - Dissertation TU München.

[KRAL 91]   Krallmann H., Müller-Wünsch M.: Einführung in die Expertensystemanwendung. CIM-Management, CIM-Seminar, 1/91, S.1-4.

[KUPE 91]   Kupec T.: Wissensbasiertes Leitsystem zur Steuerung flexibler Fertigungsanlagen. iwb Forschungsberichte Bd. 37, Springer Verlag, Berlin, 1991. - Dissertation TU München.

[LAAK 92]   Laakmann J., Reineke B.: FMEA - Rationelles Gestalten des Methodeneinsatzes überfällig. QZ Qualität und Zuverlässigkeit, 11/92, S.668-671.

[LANG 92]   Lang C.: Wissensbasierte Unterstützung der Verfügbarkeitsplanung. iwb Forschungsberichte Bd. 54, Springer Verlag, Berlin, 1992. - Dissertation TU München.

[MILB 86]   Milberg J., Groha A.: Der Zellengedanke als Strukturierungs-
prinzip im Informations- und Materialfluß flexibler Fertigungssysteme. ZwF 81 (1986), Nr. 12, S.682-687.

[MILB 90a]   Milberg J., Koepfer T.: Wettbewerbsvorteile durch rechnerintegrierte Konstruktion und Produktion. In: VDI Berichte 830, VDI
Verlag, Düsseldorf, 1990, S.1-25.

[MILB 90b]   Milberg J., Koepfer T., Schrüfer N.: 3-D-grafisch interaktive
Arbeitsplanung. wt Werkstattstechnik 80, 1990, Nr.8, S.445-448.

[MILB 91]   Milberg J. et. al. (Hrsg.): Wettbewerbsfaktor Zeit in Produktionsunternehmen. Tagungsband Münchner Kolloquium, Sprin-
ger Verlag, München, 1991, S.13-23.

[NOE 91]   Noe, T.: Rechnergestützter Wissenserwerb zur Erstellung von
Überwachungs- und Diagnoseexpertensystemen für hydraulische
Anlagen. wbk Forschungsberichte Bd.33, WBK, Karlsruhe,
1991. - Dissertation Universität Karlsruhe.

[N.N. 85a]   N.N.: CIM: Begriffe, Definitionen, Funktionszuweisungen. AWF,
1985.

[N.N. 85b]   N.N.: Instandhaltung - Begriffen und Maßnahmen. DIN 31051,
Beuth Verlag, Berlin, 1985.

[PRIT 89]   Pritschow G., Spur G., Weck M. (Hrsg.): Künstliche Intelligenz
in der Fertigungstechnik. Reihe Fortschritte in der Fertigung auf
Werkzeugmaschinen, Carl Hanser Verlag, München, 1989.

[PUPP 88]   Puppe F.: Einführung in Expertensysteme. Studienreihe Informatik, Springer Verlag, München, 1988.

[RAIT 91]   Raith P.: Ein Weg zum schnellen Start. In: Die neue Fabrik,
Moderne Industrie, Landsberg, 1991, S.70-73.

[REFA 85]   REFA: Methodenlehre der Planung und Steuerung. Teil 2, Carl
Hanser Verlag, München, 1985.

[REFA 87] REFA: Methodenlehre der Betriebsorganisation, Teil 1, Carl Hanser Verlag, München, 1987.

[RICH 92] Richter M.: Fehlerdiagnose an CNC-Bearbeitungszentren mit Hilfe von Expertensystemen. Maschinenmarkt, 1992, Nr. 18, S.40-44.

[SANF 92] Sanft C., Spur G., Schüle A.: Ein Konstruktionssystem für Werkzeugmaschinen. ZwF 87 (1992), Nr. 8, S.434-438.

[SCHÄ 91] Schäffer G., Garnich F., Schwarz H.: Flexibles Duo. Laser IVA international, 2/1991, S.8-12.

[SCHE 86] Schefe P.: Künstliche Intelligenz - Überblick und Grundlagen. Reihe Informatik, Bd.53, B.I.-Wissenschaftsverlag, Zürich, 1986.

[SCHL 83] Schlageter G., Stucky W.: Datenbanksysteme: Konzepte und Modelle. Teubner Verlag, Stuttgart, 1983.

[SCHN 88] Schneider, J., Diehl G.: Diagnose in automatisierten Fertigungseinrichtungen - Anforderungen, Verfahren und zukünftige Möglichkeiten. In: Tagungsunterlagen Forum f. Instandhaltungspraxis'88, Frankfurt, VDI Verlag, 1988, S.91-117.

[SCHM 91] Schmidt M.: Konzeption und Einsatzplanung flexibel automatisierter Montagesysteme. iwb Forschungsberichte Bd. 41, Springer Verlag, München, 1991. - Dissertation TU München.

[SCHÖ 92] Schönecker W.: Integrierte Diagnose in Produktionszellen. iwb Forschungsberichte Bd. 45, Springer Verlag, Berlin, 1992. - Dissertation TU München.

[SCHU 92] Schuster G.: Rechnergestütztes Planungssystem für die flexibel automatisierte Montage. iwb Forschungsberichte Bd. 55, Springer Verlag, Berlin, 1992. - Dissertation TU München.

[SEIF 92]   Seifert H.-J.: Modellgestützte Diagnose komplexer Produktions-
             systeme - Ein Beitrag zur Erhöhung der Verfügbarkeit kapital-
             intensiver Fertigungsanlagen. Schriftenreihe des Lehrstuhls für
             Produktionssysteme Bd. 91.2, Bochum, 1992. - Dissertation Uni-
             versität Bochum.

[SIMO 92]   Simon D: Fertigungsleitsystem mit integriertem Störungsmana-
             gement. In: Vortrag zum 8. Fachgespräch über autonome mobile
             Systeme, Universität Karlsruhe, 26.11.1992.

[SPEC 89]   Specht D.: Wissensbasierte Systeme im Produktionsbetrieb. Ha-
             bil.-Schr., TU Berlin, Carl Hanser Verlag, München, 1989.

[STOR 90]   Storr A., Wiedmann H.: DESIS - Eine Expertensystemshell für
             technische Diagnosesysteme. CIM-Management, 4/90, S.38-44.

[TAUB 90]   Tauber A.: Modellbildung kinematischer Strukturen als Kompo-
             nente der Modellplanung. iwb Forschungsberichte Bd. 30, Sprin-
             ger Verlag, Berlin, 1990. - Dissertation TU München.

[VERW 90]   Verweyen-Frank H.: Wissensakquisition für Fehlerdiagnosesyste-
             me - entscheidend ist der Knowledge Engineer. KI, 2/90, S.53-
             55.

[VOSS 88]   Vossloh M.: Modellgestützte Früherkennung und wissensgestütz-
             te Diagnose von Fehlern an Werkzeugmaschinen beispielhaft
             dargestellt an Drehmaschinen. Darmstädter Forschungsberichte
             für Konstruktion und Fertigung, Carl Hanser Verlag, München,
             1988. - Dissertation TH Darmstadt.

[WECK 82]   Weck M.: Werkzeugmaschinen. Band 3, Automatisierung und
             Steuerungstechnik, VDI Verlag, Düsseldorf, 1982.

[WECK 89]   Weck M., Kiratli G.: Wissensbasierte Diagnose für Flexible
             Fertigungssysteme. In: [PRIT 89], S.73-94.

[WECK 90] Weck M., Reuschenbach W., Boge C., Hummels M., Mengen D.: Diagnosesysteme für Maschinen und Anlagen. In: VDI Berichte 854, VDI Verlag, Düsseldorf, 1990, S.21-41.

[WEST 86] Westkämper, E.: Auftragsabwicklung in der computerintegrierten und automatischen Fertigung. VDI Berichte 611, VDI Verlag, Düsseldorf, 1986, S.289-310.

[WIED 86] Wiederhold G.: Knowledge versus Data. In: Brodie M.L., Mylopoulos J. (Hrsg.): On Knowledge Base Management Systems. Springer Verlag, London, 1986.

[WIED 93] Wiedmann H.: Objektorientierte Wissensrepräsentation für die modellbasierte Diagnose an Fertigungseinrichtungen. ISW Forschungsberichte Bd. 94, Springer Verlag, Berlin, 1993. - Dissertation Universität Stuttgart.

[WIEN 86] Wiendahl H.-P., Enghardt W.: Rechnerunterstützte Grobplanung von Fabrikanlagen unter Einbezug praxisgerechter Randbedingungen. wt-Z. ind. Fertig. 76 (1986), S.741-744.

iwb Forschungsberichte

Berichte aus dem Institut für Werkzeugmaschinen und Betriebswissenschaften
der Technischen Universität München

Herausgeber: Prof. Dr.-Ing. J. Milberg

---

1 Streifinger, E.
Beitrag zur Sicherung der Zuverlässigkeit und Verfügbarkeit
moderner Fertigungsmittel
1986. 72 Abb. 167 Seiten, ISBN 3-540-16391-3   68,- DM

2 Fuchsberger, A.
Untersuchung der spanenden Bearbeitung von Knochen
1986. 90 Abb. 175 Seiten, ISBN 3-540-16392-1   68,- DM

3 Maier, C.
Montageautomatisierung am Beispiel des Schraubens mit
Industrierobotern
1986. 77 Abb. 144 Seiten, ISBN 3-540-16393-X   68,- DM

4 Summer, H.
Modell zur Berechnung verzweigter Antriebsstrukturen
1986. 74 Abb. 197 Seiten, ISBN 3-540-16394-8   68,- DM

5 Simon, W.
Elektrische Vorschubantriebe an NC-Systemen
1986. 141 Abb. 198 Seiten, ISBN 3-540-16693-9   68,- DM

6 Büchs, S.
Analytische Untersuchungen zur Technologie der Kugelbearbeitung
1986. 74 Abb. 173 Seiten, ISBN 3-540-16694-7   68,- DM

7 Hunzinger, I.
Schneiderodierte Oberflächen
1986. 79 Abb. 162 Seiten, ISBN 3-540-16695-5   68,- DM

8 Pilland, U.
Echtzeit-Kollisionsschutz an NC-Drehmaschinen
1986. 54 Abb. 127 Seiten, ISBN 3-540-17274-2   68,- DM

9 Barthelmeß, P.
Montagegerechtes Konstruieren durch die Integration
von Produkt- und Montageprozeßgestaltung
1987. 70 Abb. 144 Seiten, ISBN 3-540-18120-2   68,- DM

10 Reithofer, N.
Nutzungssicherung von flexibel automatisierten Produktionsanlagen
1987. 84 Abb. 176 Seiten, ISBN 3-540-18440-6   68,- DM

11 Diess, H.
Rechnerunterstützte Entwicklung flexibel automatisierter
Montageprozesse
1988. 56 Abb. 144 Seiten, ISBN 3-540-18799-5   73,- DM

12 Reinhart, G.
Flexible Automatisierung der Konstruktion
und Fertigung elektrischer Leitungssätze
1988, 112 Abb. 197 Seiten, ISBN 3-540-19003-1   73,- DM

13 Bürstner, H.
Investitionsentscheidung in der rechnerintegrierten Produktion
1988, 77Abb. 190 Seiten, ISBN 3-540-19099-6   73,- DM

14 Groha, A.
Universelles Zellenrechnerkonzept für flexible Fertigungssysteme
1988, 74 Abb. 153 Seiten, ISBN 3-540-19182-8   73,- DM

15 Riese, K.
Klipsmontage mit Industrierobotern
1988, 92 Abb. 150 Seiten, ISBN 3-540-19183-6   73,- DM

16 Lutz, P.
Leitsysteme für rechnerintegrierte Auftragsabwicklung
1988, 44 Abb. 144 Seiten, ISBN 3-540-19260-3   73,- DM

17 Klippel, C.
Mobiler Roboter im Materialfluß eines flexiblen Fertigungssystems
1988, 86 Abb. 164 Seiten, ISBN 3-540-50468-0   73,- DM

18 Rascher, R.
Experimentelle Untersuchungen zur Technologie der Kugelherstellung
1989, 110 Abb. 200 Seiten, ISBN 3-540-51301-9   73,- DM

19 Heusler, H.-J.
Rechnerunterstützte Planung flexibler Montagesysteme
1989, 43 Abb. 154 Seiten, ISBN 3-540-51723-5   73,- DM

20 Kirchknopf, P.
Ermittlung modaler Parameter aus Übertragungsfrequenzgängen
1989, 57 Abb. 157 Seiten, ISBN 3-540-51724   73,- DM

21 Sauerer, Ch.
Beitrag für ein Zerspanprozeßmodell Metallbandsägen
1990, 89 Abb. 166 Seiten, ISBN 3-540-51868-1   78,- DM

22 Karstedt, K.
Positionsbestimmung von Objekten in der Montage-
und Fertigungsautomatisierung
1990, 92 Abb. 157 Seiten, ISBN 3-540-51879-7   78,- DM

23 Peiker, St.
Entwicklung eines integrierten NC-Planungssystems
1990, 66 Abb. 180 Seiten, ISBN 3-540-51880-0   78,- DM

24 Schugmann, R.
Nachgiebige Werkzeugaufhängungen für die automatische Montage
1990. 71 Abb. 155 Seiren, ISBN 3-540-52138-0   78,- DM

25 **Wrba, P**
Simulation als Werkzeug in der Handhabungstechnik
1990, 125 Abb., 178 Seiten, ISBN 3-540-52231-X   78,- DM

26 **Eibelshäuser, P.**
Rechnerunterstützte experimentelle Modalanalyse
mittels gestufter Sinusanregung
1990, 79 Abb., 156 Seiten, ISBN 3-540-52451-7   78,- DM

27 **Prasch, J.**
Computerunterstützte Planung von chirurgischen Eingriffen
in der Orthopädie
1990, 113 Abb., 164 Seiten, ISBN 3-540-52543-2   78,- DM

28 **Teich, K.**
Prozeßkommunikation und Rechnerverbund in der Produktion
1990, 52 Abb., 158 Seiten, ISBN 3-540-52764-8   78,- DM

29 **Pfrang, W.**
Rechnergestützte und graphische Planung manueller
und teilautomatisierter Arbeitsplätze
1990, 59 Abb., 153 Seiten, ISBN 3-540-52829-6   78,- DM

30 **Tauber, A.**
Modellbildung kinematischer Stukturen
als Komponente der Montageplanung
1990, 93 Abb., 190 Seiten, ISBN 3-540-52911-X   78,- DM

31 **Jäger, A.**
Systematische Planung komplexer Produktionssysteme
1991, 75 Abb., 148 Seiten, ISBN 3-540-53021-5   78,- DM

32 **Hartberger, H.**
Wissensbasierte Simulation komplexer Produktionssysteme
1991, 58 Abb., 154 Seiten, ISBN 3-540-53326-5   78,- DM

33 **Tuczek H.**
Inspektion von Karosseriepreßteilen auf Risse und Einschnürungen
mittels Methoden der Bildvorarbeitung
1992, 125 Abb., 179 Seiten, ISBN 3-540-53965-4   88,- DM

34 **Fischbacher, J.**
Planungsstrategien zur strömungstechnischen Optimierung
von Reinraum–Fertigungsgeräten
1991, 60 Abb., 166 Seiten, ISBN 3-540-54027-X   78,- DM

35 **Moser, O.**
3D–Echtzeitkollisionsschutz für Drehmaschinen
1991, 66 Abb., 177 Seiten, ISBN 3-540-54076-8   78,- DM

36 **Naber, H.**
Aufbau und Einsatz eines mobilen Roboters mit
unabhängiger Lokomotions- und Manipulationskomponente
1991, 85 Abb., 139 Seiten, ISBN 3-540-54216-7   78,- DM

37 **Kupec, Th.**
Wissensbasiertes Leitsystem zur Steuerung flexibler Fertigungsanlagen
1991, 68 Abb., 150 Seiten, ISBN 3-540-54260-4   78,- DM

38 Maulhardt, U.
Dynamisches Verhalten von Kreissägen
1991, 109 Abb., 159 Seiten, ISBN 3-540-54365-1   78,- DM

39 Götz, R.
Stukturierte Planung flexibel automatisierter Montagesysteme
für flächige Bauteile
1991, 86 Abb., 201 Seiten, ISBN 3-540-54401-1   78,- DM

40 Koepfer, Th.
3D- grafisch-interaktive Arbeitsplanung – ein Ansatz
zur Aufhebung der Arbeitsteilung
1991, 74 Abb., 126 Seiten, ISBN 3-540-54436-4   78,- DM

41 Schmidt, M.
Konzeption und Einsatzplanung flexibel automatisierter
Montagesysteme
1992, 108 Abb., 168 Seiten, ISBN 3-540-55025-9   88,- DM

42 Burger, C.
Produktionsregelung mit entscheidungsunterstützenden
Informationssystemen
1992, 94 Abb., 186 Seiten, ISBN 5-540- 55187-5   88,- DM

43 Hoßmann, J.
Methodik zur Planung der automatischen Montage von nicht
formstabilen Bauteilen
1992, 73 Abb., 168 Seiten, ISBN 3-540-5520-0   88,- DM

44 Petry, M.
Systematik zur Entwicklung eines modularen Programm-
baukastens für robotergeführte Klebeprozesse
1992, 106 Abb., 139 Seiten ISBN 3-540-55374-6   88,- DM

45 Schönecker, W.
Integrierte Diagnose in Produktionszellen
1992, 87 Abb., 159 Seiten, ISBN 3-540-55375-4   88,- DM

46 Bick, W.
Systematische Planung hybrider Montagesyste unter
Berücksichtigung der Ermittlung des optimalen Automatisierungsgrades
1992, 70 Abb., 156 Seiten ISBN 3-540-55377-0   88,- DM

47 Gebauer, L.
Prozeßuntersuchungen zur automatisierten Montage
von optischen Linsen
1992, 84 Abb., 150 Seiten, ISBN 3-540- 55378-9   88,- DM

48 Schrüfer, N.
Erstellung eines 3D–Simulationssystems zur Reduzierung
von Rüstzeiten bei der NC–Bearbeitung
1992, 103 Abb., 161 Seiten, ISBN 3-540-55431-9   88,- DM

49 Wisbacher, J.
Methoden zur rationellen Automatisierung der Montage
von Schnellbefestigungselementen
1992, 77 Abb., 176 Seiten, ISBN 3-540-55512-9   88,- DM

50 Garnich. F.
Laserbearbeitung mit Robotern
1992, 110 Abb., 184 Seiten, ISBN 3-540- 55513-7   88,- DM

51 Eubert, P.
Digitale Zustandsregelung elektrischer Vorschubantriebe
1992, 89 Abb., 159 Seiten, ISBN 3-540-44441-2   88,- DM

52 Glaas, W.
Rechnerintegrierte Kabelsatzfertigung
1992, 67 Abb., 140 Seiten, ISBN 3-540-55749-0   88,- DM

53 Helml, H.J.
Ein Verfahren zur on-line Fehlererkennung und Diagnose
1992, 60 Abb., 153 Seiten, ISBN 3-540-55750-4   88,- DM

54 Lang, Ch.
Wissensbasierte Unterstützung der Verfügbarkeitsplanung
1992, 75 Abb., 150 Seiten, ISBN 3-540-55751-2   88,- DM

55 Schuster, G.
Rechnergestütztes Planungssystem für die flexibel
automatisierte Montage
1992, 67 Abb., 135 Seiten, ISBN 3-540-55830-6   88,- DM

56 Bomm, H.
Ein Ziel- und Kennzahlensystem zum Investitionscontrolling
komplexer Produktionssysteme
1992, 87 Abb., 195 Seiten, ISBN 3-540-55964-7   88,- DM

57 Wendt, A.
Qualitätssicherung in flexibel automatisierten Montagesystemen
1992, 74 Abb., 179 Seiten, ISBN 3-540-56044-0   88,- DM

58 Hansmaier, H.
Rechnergestütztes Verfahren zur Geräuschminderung
1993, 67 Abb., 156 Seiten, ISBN 3-540-56043-2   88,- DM

59 Dilling, U.
Planung von Fertigungssystemen unterstützt
durch Wirtschaftlichkeitssimulation
1993, 72 Abb., 146 Seiten, ISBN 3-540-56307-5   88,- DM

60 Strohmayr, R.
Rechnergestützte Auswahl und Konfiguration
von Zubringeeinrichtungen
1993, 80 Abb., 152 Seiten, ISBN 3-540-56652-X   88,- DM

61 Glas, J.
Standardisierter Aufbau anwendungsspezifischer
Zellenrechnersoftware
1993, 80 Abb., 145 Seiten, ISBN 3-540-56890-5   88,- DM

62 Stetter, R.
Rechnergestützte Simulationswerkzeuge zur
Effizienzsteigerung des Industrierobotereinsatzes
1994, 91 Abb., 146 Seiten, ISBN 3-540-568891   88,- DM

63 Dirndorfer, A.
Robotersysteme zur förderbandsynchronen Montage
1993, 76 Abb, 144 Seiten, ISBN 3-540-57031-4   88,- DM

64 Wiedemann, M.
Simulation des Schwingungsverhaltens spanender Werkzeugmaschinen
1993, 81 Abb., 137 Seiten, ISBN 3-540-57177-9   88,- DM

65 **Woenckhaus, Ch.**
Rechnergestütztes System zur automatisierten 3D-Layoutoptimierung
1994, 81 Abb., 140 Seiten,ISBN 3540-57284-8   88,- DM

66 **Kummetsteiner, G.**
3D-Bewegungssimulation als integratives Hilfsmittel zur Planung
manueller Montagesysteme
1994, 62 Abb.; 146 Seiten, ISBN 3-540-57535-9   88,- DM

67 **Kugelmann, F.**
Einsatz nachgiebiger Elemente zur wirtschaftlichen Automatisierung
von Produktionssystemen
1993, 76 Abb., 144 Seiten, ISBN 3-540-57549-9   88,- DM

68 **Schwarz, H.**
Simulationsgestützte CAD/CAM-Kopplung für die 3D-Laserbearbeitung
mit integrierter Sensorik
1994, 96 Abb., 148 Seiten, ISBN 3-540-57577-4   88,- DM

69 **Viethen, U.**
Systematik zum Prüfen in Flexiblen Fertigungssytemen
1994, 70 Abb., 142 Seiten, ISBN 3-540-57794-7   88,- DM

70 **Seehuber, M.**
Automatische Inbetriebnahme geschwindigkeitsadaptiver Zustandsregler
1994, 72 Abb., 155 Seiten, ISBN 3-540-57896-X   88,- DM

71 **Amann, W.**
Eine Simulationsumgebung für Planung und Betrieb
von Produktionssystemen
1994, 71 Abb., 129 Seiten, ISBN 3-540-57924-9   88,- DM

73 **Welling, A.**
Effizienter Einsatz bildgebender Sensoren zur Flexibilisierung
automatisierter Handhabungsvorgänge
1994, 66 Abb., 139 Seiten, ISBN 3-540-580-0   88,- DM

74 **Zetlmayer, H,**
Verfahren zur simulationsgestützen Produktionsregelung
in der Einzel- und Kleinserienproduktion
1994, 62 Abb., 143 Seiten, ISBN 3-540-58134-0   88,- DM

75 **Lindl, M.**
Auftragsleittechnik für Konstruktion und Arbeitsplanung
1994, 66 Abb,. 147 Seiten, ISBN 3-540-58221-5   88,- DM

76 **Zipper, B.**
Das integrierte Betriebsmittelwesen – Baustein einer flexiblen Fertigung
1994, 64 Abb., 147 Seiten, ISBN 3-540-58222-3   88,- DM

77 **Raith, P.**
Programmierung und Simulation von Zellenabläufen
in der Arbeitsvorbereitung
1995, 51 Abb., 130 Seiten, ISBN 3-540-58223-1   88,- DM

78 **Engel, A.**
Strömungstechnische Optimierung von Produktionssystemen
durch Simulation
1994, 69 Abb., 160 Seiten, ISBN 3-540-58258-4   88,- DM

79 Zäh, M. F.
Dynamisches Prozeßmodell Kreissägen
1995, 95 Abb., 186 Seiten,ISBN 3-540 58624-5   88,– DM

80 Zwanzer, N.
Technologisches Prozeßmodell für die Kugelschleifbearbeitung
1995, 65 Abb., 150 Seiten, ISBN 3-540 58634-2   88,– DM

82 Kahlenberg, R.
Integrierte Qualitätssicherung in flexiblen Fertigungszellen
1995, 71 Abb., 136 Seiten, ISBN 3-540-58772-1   88,– DM